20堂心理减压课

武志红导读 | 可以让你变得更好的心理学书

[美] 玛莎·戴维斯（Martha Davis, PhD）
[美] 伊丽莎白·埃谢尔曼（Elizabeth Robbins Eshelman, MSW）
[美] 马修·麦凯（Matthew McKay, PhD） ——— 著

尧俊芳　于雪 ——————— 译

THE RELAXATION
AND STRESS
REDUCTION WORKBOOK

天津出版传媒集团
天津科学技术出版社

著作权合同登记号：图字 02-2020-170号

THE RELAXATION AND STRESS REDUCTION WORKBOOK(SIXTH EDITION) By MARTHA DAVIS, PH.D. ELIZABETH ROBBINS ESHELMAN, M.S.W. MATTHEW MCKAY, PH.D.
Copyright: © 2000 BY MARTHA DAVIS, PH.D. ELIZABETH ROBBINS ESHELMAN, M.S.W. MATTHEW MCKAY, PH.D.
This edition arranged with NEW HARBINGER PUBLICATIONS through BIG APPLE AGENCY, INC., LABUAN, MALAYSIA.
Simplified Chinese edition copyright:
2020 Beijing ZhengQingYuanLiu Culture Development Co., Ltd
All rights reserved.

图书在版编目（CIP）数据

20堂心理减压课 /(美)玛莎·戴维斯,(美)伊丽莎白·埃谢尔曼,(美)马修·麦凯著；尧俊芳,于雪译；武志红导读. -- 天津：天津科学技术出版社, 2020.10（2021.1重印）
（可以让你变得更好的心理学书）
书名原文: The Relaxation and Stress Reduction Workbook
ISBN 978-7-5576-8066-4

Ⅰ.①2… Ⅱ.①玛…②伊…③马…④尧…⑤于…⑥武… Ⅲ.①心理压力—心理调节—通俗读物 Ⅳ.①B842.6-49

中国版本图书馆CIP数据核字(2020)第107862号

20堂心理减压课
20 TANG XINLI JIANYA KE
责任编辑：刘丽燕
责任印制：兰　毅

出　　版：	天津出版社传媒集团
	天津科学技术出版社
地　　址：	天津市西康路35号
邮　　编：	300051
电　　话：	（022）23332490
网　　址：	www.tjkjcbs.com.cn
发　　行：	新华书店经销
印　　刷：	北京中科印刷有限公司

开本640×960　1/16　印张25.5　字数300 000
2021年1月第1版第2次印刷
定价：49.80元

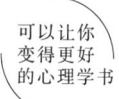

| 总序

一本好书,一个灯塔

| 武志红 |

今年,我44岁,出版了十几本书,写的文章字数近400万字。并且,作为一名心理学专业人士,我也形成了对人性的一个系统认识。

我还可以夸口的是,我跳入过潜意识的深渊,又安然返回。

在跳入的过程中,我体验到"你注视着深渊,深渊也注视着你"这句话中的危险之意。

同时,这个过程中,我也体验到,当彻底松手,坦然坠入深渊后,那是一个何等美妙的过程。

当然,最美妙的,是深渊最深处藏着的存在之美。

虽然拥有了这样一些精神财富,但我也知道苏格拉底说的"无知"之意,我并不敢说我掌握了真理。

我还是美国催眠大师米尔顿·艾瑞克森的徒孙,我的催眠老师,是艾瑞克森最得意的弟子斯蒂芬·吉利根,我知道,艾瑞克森做催眠治疗时从来都抱有一个基本态度——"我不知道"。

只有由衷地带着这个前提,催眠师才能将被催眠者带入到潜意识深处。

所以我也会告诫自己说,不管你形成了什么样的关于人性的认识体系,都不要固着在那里。

不过,同时我也不谦虚地说,我觉得我的确形成了一些很有层次的认识,关于人性,关于人是怎么一回事。

然后,再回头看自己过去的人生时,我知道,我在太长的时间里,都是在迷路中,甚至都不叫迷路,而应该说是懵懂,即,根本不知道人性是怎么回事,自己是怎么回事,简直像瞎子一样,在悬崖边走路。

我特别喜欢的一张图片是,一位健硕的裸男,手里拿着一盏灯在前行,可一个天使用双手蒙上了他的眼睛。

对此,我的理解是,很多时候,当我们觉得"真理之灯"在手,自信满满地前行时,很可能,我们的眼睛是瞎的,你走的路,也是错的。

在北京大学读本科时,曾对一个哥们儿说,如果中国人都是我们这种素质,那这个国家会大有希望。现在想起这句话觉得汗颜,因为如果大家都是我的那种心智水平,肯定是整个社会一团糟。

这种自恋,就是那个蒙上裸男眼睛的天使吧。

© 2006 Steven Kenny

所幸的是,这个世界上有各种各样的好书,它们打开了我的智慧之眼。

一直以来,对我影响最重要的一本书,是马丁·布伯的《我与你》。

我现在还记得,我是在北大图书馆借书时,翻那些有借书卡的木柜子,很偶然地看到了这个书名《我与你》,莫名地被触动,于是借阅了这本书。

这对我应该是个里程碑的事件,所以记忆深刻,打开这个柜子抽屉的情形和感觉,现在还非常清晰,好像就发生在昨天。

这一本书对我触动极大,胜过我在北大心理学系读的许多课程,我当时很喜欢做读书笔记,而且当时没有电脑,都是写在纸质的笔记本上。我写了满满的一本子读书笔记,可一次拿这个本子占座,弄丢了,当时心疼得不得了。

不过,本子虽然丢了,但智慧和灵性的种子却种在了我心里,后来,每当我感觉自己身处心灵的迷宫时,我都会想起这本书的内容,它就像灯塔一样,指引着我,让我不容易迷路。

那些真正的好书,就该有这一功能。

在《广州日报》写心理专栏时,我开辟了一个栏目"每周一书",尽可能做到每周推荐一本心理学书,专栏后来有了一定的影响力,常有读者说,看到你推荐一本书,得赶紧在网上下单,要是几天后再下单,就买不到了。

特别是《我与你》这本书,本来是很艰涩的哲学书,也因为我一再推荐,而一再买断货,相当长时间里,一书难求。

现在,我和正清远流文化公司的涂道坤先生一起来策划一套书,希望这套书,都能有灯塔的这种感觉。

我和涂先生结缘于多年前,那时候涂先生刚引进了斯科特·派克的《少有人走的路》。很多读者在读完后,都说这是一本让人振聋发聩的好书,然而在当时,知道它的人很少。我在专栏上极力推荐这本书,随即销量渐渐好了起来,成为了至今为人称道的畅销书。然而，那时我和涂先生并不认识，直到去年我们才见面相识，发现很多理念十分契合，说起这件往事，也更觉得有缘，于是便有了一起策划丛书的念头。

我们策划的这套丛书，以心理学的书籍为主，都是严肃读物，但它们都有一个共同点：作为普通读者，只要你用心去读，基本都能读懂。

并且，读懂这些书，会有一个效果：你的心性会变得越来越好。

同时，这些书还有一个共同点：它们都不会说，要束缚你自己，不要放纵你的欲望，不要自私，而要成为一个利他、对社会有用的人……

假如一本书总是在强调这些，那它很可能会将你引入更深的迷宫。

我们选的这些书，都对你这个人具有无上的尊重。

因为，你是最宝贵的。

我特别喜欢现代舞创始人玛莎·格雷厄姆的一段话：

有股活力、生命力、能量由你而实现，从古至今只有一个你，这份表达独一无二。如果你卡住了，它便失去了，再也无法以其他方式存在。世界会失掉它。它有多好或与他人比起来如何，与你无关。保持通道开放才是你的事。

每个人都在保护自己的主体感，并试着在用各种各样的方式，活出自己的主体感。只有当确保这个基础时，一个人才愿意敞开自己，否则，一个人就会关闭自己。

人性的迷宫，人生的迷途，都和以上这一条规律有关，而一本好书，一本好的心理学书籍，会在各种程度上持有以上这条规律，视其为基本原则。

可以说，我们选择的这些书，都不会让你失去自己。

一本这样的好书，都建立在一个前提之上——这本书的作者，他在相当程度上活出了自己，当做到这一点后，他的写作，就算再严肃，都不会是教科书一般的枯燥无味。

这样的作者，他的文字中，会有感觉之水流，会有电闪雷鸣，会有清风和青草的香味……

总之，这是他们真正用心写出的文字。

每一个活出了自己的人，都是尚走在迷宫中的我们的榜样，而书是一种可以穿越时间和空间的东西，我们可以借由一本好书，和一位作者对话，而那些你喜欢的作者，他们的文字会进入你心中，照亮你自己，甚至成为你的灯塔。

愿我们的这套丛书，能起到这样的作用：

帮助你更好地成为自己，而不是教你成为更好的自己，因为你的真我，本质上就是最好的。

| 导读

在压力下穿行，游刃有余

| 武志红 |

从事心理咨询工作 13 年来，我发现了一个非常普遍的现象——几乎所有来访者的心理压力都特别大，处在崩溃的边缘。

他们来到这里，是希望咨询师能扶他们一把，帮他们减压，不至于就此倒下。

从他们的诉说中，我听到了孤独寂寞，听到了无助沮丧，听到了焦虑恐惧……但感受最深的是，他们都对自己极度缺乏了解。可以说，他们被困在了自己内心的迷宫中，不知道今天的困顿从何而来，也不知道明天的问题如何应付。当我将注意力集中在这一点上，我也发现了他们压力的根源，那就是自我的迷失。

一个迷失自我的人，是无力承受生活重压的，压力会让他们轻易分崩离析，一蹶不振。与此相反的是，那些活出自我的人，内心都很强大，我接触过很多这样的人，虽然他们生活在不同的城市，从事着不同的工作，但焕发着同样蓬勃的生命力，他们都洞悉自己的内心，明确人生的方向，能轻松应对来自各方的压力。看到他们，我就会记起尼采那句话——一个人知道为什么而活，就可以忍受任何一种生活。

每个人终究都要活出自己，而活出自己实属不易，其间要历经分离的痛苦，成长的烦恼，以及突破的风险，各种压力必定纷至沓来。但是，也正是应对这些压力的过程，才能让人变得成熟。

成长伴随着压力，因此，学会应对压力是很重要的事。有位抑郁症患者，他为了治愈自己，先去德国学习临床心理治疗，又去印度学习冥想。他说，他过去承受压力的能力很弱，每次遇到压力时只会一味抵抗，最后无一例外地被压力吞噬。后来，他干脆放弃抵抗，任凭压力放马过来，当那些压力慢慢从他的身体和心中穿过后，他发现自己不仅安然无恙，而且还很强大。他这种处理压力的方法，就是本书介绍的"冥想放松法"，我称之为"扫描式感受身体"。我从2007年开始尝试此法，至今持续十多年，受益匪浅。

当压力来临时，人的头脑往往不受自己控制，要么一味追悔过去，要么不停忧心将来，这时，如果从思维的层面去控制思维，必然是无效的。人越是想控制一个念头，那个念头就会越放大，最终将自己吞噬。但当人把注意力放在感受身体上，闭上眼睛，自然呼吸——

感受你的脚趾；
感受你的膝盖；
感受你的大腿，臀部；
感受你的背部，腰部；
感受你的整条脊柱；
……

这个从头到脚的感受过程，会让身体放松，让狂乱无序的思维及时刹车，压力随之减轻。这个方法，我曾在埃克哈特·托利的《当下的力量》中看到过，而这本《20堂心理减压课》中提供了更丰富的方法，这些方法没有局限于心理学的某一流派，而是囊括了精神分析、认知心理学以及自我催眠等。

20堂心理减压课，分别介绍了20种心理减压法，它最大的特点，就是权威、有效，并且非常实用。无论遭遇的是哪方面的压力，无论有着什么样的偏好和习惯，都能从中找到适用的减压法。有位餐饮老板，旗下开了几十家分店，原本生意十分火爆，但受今年疫情的影响，每个月不仅入不敷出，还要损失几百万。面对巨大的压力，他采取了书中的"运动减压法"，每天晚上都雷打不动地跑上十公里。他说，如果不是因为跑步，自己可能早就垮了，运动让他有效地减压，他终于挺了过来。

20堂心理减压课，也是20种通往自我的路径，让我们在压力之下也能驱散迷雾，明心见性，看到真实的自己。因为这些具体、科学的方法，在压力中保持自我，也变得不再难以企及。

美国心理学家托马斯·摩尔说:"许多所谓的心理疾病,无非就是想象力缺失的外在表现,而心理治疗就是引导想象力回归的过程。"压力下的人会被各种负面思维禁锢,缺乏关于解决问题的想象力。而书中的"视觉想象法""建立自信心训练法",以及"自生放松训练法"等,则可以激发这些想象力,让人能够按照自己的节奏去做事,不再饱受压力的困扰。

总而言之,人性很复杂,但它的逻辑很简单:每个人都是一个能量体,都需要向外伸展自己,这个伸展的过程势必引发冲突和碰撞,承受各方的挤压。小到围绕在你身边的亲密关系,大到你与外部世界的接触,都会让你感觉压力重重。

面对压力,每个人都有自己习惯的对策,但并非所有方法都能起到正面效果。有些方法效果欠佳,有些更如饮鸩止渴,比如暴饮暴食、酗酒、吸烟或疯狂购物,这些我们常见的方法,只能带给人短暂的麻痹,并且后患无穷。本书之所以被誉为全美减压宝典,成为百万级别的畅销经典,就是因为其中的每一种方法,都吸纳了众多心理学专家的经验,并经过了大量临床实践的证明,这些方法,能给压力中的人们提供切实的帮助,让每个人不畏压力,坚定前行。

目录
CONTENTS

第一堂课　入门：认识压力　　　　　　　*001*
第二堂课　身体的觉察力　　　　　　　　*023*
第三堂课　呼吸练习　　　　　　　　　　*031*
第四堂课　渐进式放松　　　　　　　　　*045*
第五堂课　冥想放松法　　　　　　　　　*051*
第六堂课　视觉想象法　　　　　　　　　*073*
第七堂课　应用性放松训练　　　　　　　*085*
第八堂课　自我催眠　　　　　　　　　　*095*
第九堂课　自生放松训练法　　　　　　　*115*
第十堂课　综合应用技巧　　　　　　　　*127*
第十一堂课　聚焦疗法　　　　　　　　　*135*
第十二堂课　驳斥非理性观念　　　　　　*157*
第十三堂课　直面担忧和焦虑　　　　　　*183*
第十四堂课　如何应对恐惧　　　　　　　*215*
第十五堂课　愤怒的预防　　　　　　　　*235*
第十六堂课　目标设定和时间管理　　　　*253*
第十七堂课　建立自信心训练法　　　　　*281*
第十八堂课　工作压力管理　　　　　　　*313*
第十九堂课　营养和压力　　　　　　　　*329*
第二十堂课　运动减压　　　　　　　　　*359*
结　语　直面阻力　　　　　　　　　　　*381*

入门：认识压力

The Relaxation & Stress Reduction Workbook

第一堂课

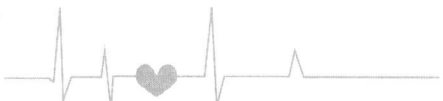

各位学员好！在上这门课之前，我们先来了解一下什么是压力。

可以说压力天天都有，谁都绕不开、躲不过。但凡生活起了变化，自己就须做出改变去适应，比如身体受伤了，或坠入爱河，又或者某个夙愿得以实现……凡此种种，压力也就由此而生。日子一天天地过着，哪怕已将一切规划得井井有条，这当中仍然事事潜伏着紧张与压力。当然，压力并非全然有害。事实上，生活当中存在的压力不仅有可取之处，而且还必不可少。不论应激源自生活中的重大变故，还是诸多看似无关紧要的争论，我们对这些"变故"的反应决定了压力将会怎样影响我们的生活。

作为一名资深的心理医生，我将用20堂课系统地讲授应对压力的方法，这些方法不仅吸取了各位心理学界前辈的经验，也经过大量临床的实践证明。在讲授之前，我们需要首先弄清压力到底来自哪里，以及运用科学的方法评估自己的压力水平。

压力的来源

压力主要源自四个方面的因素：

1. 环境。恶劣天气、花粉、噪声、拥挤的交通和空气污染，都可能引发压力。

2. 社交活动。求职面试、截止期限和需要优先处理的事务、工作报告、人际冲突、财务问题以及失去所爱的人，等等，都会导致压力的产生。

3. 生理因素。青春期身体的迅速发育、更年期的身体变化、缺少锻炼、营养不良、睡眠不足、疾病、创伤以及衰老，都会使身体不堪重负，从而导致压力。环境与社交出现危机或发生变动，会引发生理性反应，也可以成为应激源，比如肌肉紧张、头痛、胃部不适、焦虑和抑郁。

4. 思维方式。人的大脑通过解读外界和身体的复杂变化，从而决定何时开启自身的"应激反应（stress response）"。对当前经历的解释和定性，对未来的预测，这些既会让人放松，也会令人高度紧张。比如，当你看到老板一脸嫌弃的表情，自认为他在责怪你工作不给力，你很可能会焦虑不安。但是，如果将此理解为老板只是过于劳累，或者正为他自己的私人问题而烦恼，你就不会那么紧张了。

两位专攻心理压力的研究人员——拉查鲁斯和福克曼（1984年）指出，压力始于对形势的评估。当压力来临时，我们会先问自己：形势有多危险、多困难，有什么办法能够应对。通常，焦虑紧张的人会推测出这类结果：第一，形势很危险，情况很艰难，或者此事会令人痛苦不堪；第二，自己无计可施、无力应对。

战逃反应

20世纪初期，尚在哈佛大学执教的生理学家沃尔特·B.坎农（Walter B. Cannon）[1]给"压力（stress）[2]"一词赋予了新的定义。他

---

[1] 沃尔特·坎农（1871—1945），美国生理心理学家，出生于威斯康星州的普雷里德欣，逝世于新罕布什尔州的富兰克林。他是美国20世纪贡献最大的生理学家之一，首先将X射线用于生理学研究，设计了钡餐，提出生物体"自稳态"理论。

[2] 在机械物理学上，该词译为"压力"；而在生物学或心理学领域，该词译为"应激"。

首次将"战逃反应"描述为：人体为应对威胁和危险所产生的一系列生化变化。远古时的原始人需要拥有爆发力，这样当他们遭遇食肉动物（如剑齿虎）的袭击时，可以奋力与之搏斗，或者迅速逃离。这种爆发力使我们的祖先得以存活下来，并且将这种遗传基因留给了我们。不妨想象一下生活中"战逃反应"可以起到哪些积极作用，比如，高速公路上，一辆汽车突然超到前面，我们必须快速做出反应；又比如，半路杀出一个乞丐，向我们挑衅，我们需要马上脱身。但是，假如社会的习俗法令既不允许我们反击，也不允许我们逃跑时，这种"应急措施"或者"应激反应"几乎毫无用处。

汉斯·塞利（Hans Selye）[①]是首位研究压力的学者，他发现当压力来临时，人体会产生生理变化。他发现不管是在脑海中想象自己遇到了困难，或是现实中确实如此，都会促使大脑皮层（大脑的思维部分）向下丘脑（应激反应的主要开关，位于中脑）发出警报。下丘脑随之刺激交感神经系统，使得人体发生一系列变化，包括心率和呼吸频率上升、肌肉紧张、新陈代谢加快、血压升高。当血液从肢体末梢和消化系统涌向专注于搏斗或逃跑的较大肌肉群时，人的手脚会变得冰凉。有些人会极度不安，横膈膜收缩，肛门紧闭，瞳孔会放大，视野变得更清晰，听力也会变得更加敏锐。

---

① 汉斯·塞利，被誉为现代应激学说之父，他关于应激的设想，完善了现代整体观点的疾病理论。他注意到大多数疾病只有很少的特殊体征作为特征，而所有的病患几乎都有很多共同的状况和体征，塞利称这种现象为"生病综合征"，或称"应激综合征""全身适应综合征"。

令人遗憾的是，如果长期处于压力之中，产生慢性应激反应，持续处于备战状态，肾上腺会分泌出类皮质激素（肾上腺素和去甲肾上腺素），消化、生殖、生长、组织修复以及免疫与炎症系统都会受到抑制，也就是说，人体的重要器官运行受阻，损害身体健康。

所幸人体既可以启动应激反应，也可以将其关闭，这称之为放松反应（relaxation response）。一旦你断定自己脱离了危险，大脑便不再向脑干发送危险信号，脑干也会随之停止向神经系统发送恐惧信息。危险信号消失3分钟后，战逃反应消失，新陈代谢、心率、呼吸频率放缓，肌肉放松，血压也随之恢复正常。赫伯特·本森（Herbert Benson，2000）[1]建议，人类可以通过改变自己的心意和想法，从而使自己的生理功能趋向良性发展，改善身体健康，也许还可以减少对药物的依赖。本森将这种人体自然恢复的过程命名为"放松反应"。

长期压力与慢性疾病

企业重组或公司裁员、遭遇离婚，或者长期为病痛所苦，甚至突发重病、生死攸关……当生活中这类事件，也就是应激源，层出不穷的时候，就会令人产生长期或持续的压力。小的应激源不断累积，而我们又无法修复或解决，也会产生压力。只要大脑

---

[1] 身心医学研究所（Mind/Body Medical Institute）的创始者，毕业于哈佛医学院，目前任教于哈佛医学院。作为170篇科学研究文章及10本书的作者或协同作者，其著作已经被翻译成多国语言，在全球售出超400万本。

意识到威胁的存在，身体便会处于警备状态。如果应激反应持续太久，罹患压力疾病的概率将会大大增加。

一百多年来，研究人员一直关注着压力与疾病的联系。他们注意到，在那些患有应激相关障碍（stress-related disorder）的病人身上，往往某个特定"系统"或"应激趋向系统（stress-prone system）"极为活跃，比如骨骼肌系统、心血管系统或胃肠系统。比如，对于有些人来说，长期压力会导致他们肌肉紧张和疲劳，而另外一些人则会导致应激性高血压、偏头痛、溃疡或慢性腹泻。

人体所有系统都会因压力而受到损害。类皮质激素增多，再生系统受到抑制，会导致闭经和排卵受阻、阳痿、性欲丧失。因压力而引发的肺部病变会加重哮喘、支气管炎以及其他呼吸道问题。应激反应状态下，如果胰岛素缺失可能会使成人引发糖尿病。压力会延缓身体组织的修复和重塑功能，进而导致缺钙、骨质疏松、易骨折等状况出现。免疫系统和炎症系统受阻，人更容易罹患感冒和流感，甚至可能患上恶性疾病，比如癌症和艾滋病。此外，长期处于应激状态会使本已患病的肌体病情加重，如使关节炎、慢性疼痛和腹泻状况加重。此外还有迹象表明，长期处于压力状态下，人体会不断分泌和耗损去甲肾上腺素，从而引发抑郁和焦虑。

长期压力、疾病和衰老之间的关系，是研究人员关注的另一个领域。他们一直非常关注疾病的变异形式与退化性障碍（degenerative disorders）的出现。数百年前的那些传染疾病，比如伤寒、肺炎和脊髓灰质炎等，如今已不再是人类的威胁，但心血管疾病、癌症、关节炎、哮喘、肺气肿、抑郁症却取而代之，成为"现代瘟疫"。我们普遍认为，年纪大了，生理功能也随之自然衰老。但是，很多中老年疾病却是由压力引发的。如今，研究人员和临床医生都在探讨压力是如何加速衰老的，以及用什么方法可以阻止这个过程的发展。

近期生活经历量表

华盛顿大学的托马斯·霍尔姆斯（Thomas Holmes）博士和他的研究助理发现，当人们被迫适应生活的重大改变之后，患病概率会大大增加，也更容易显现出临床状况。

霍尔姆斯博士和助理们研发出了"近期生活经历量表"。凭借这个量表，人们可以对自己所经历的变化进行量化，并由此推断出应激事件是怎样提高发病概率的。其主要目的，是为了提高我们的警觉度，让我们在日常生活当中能够迅速辨识应激事件以及它们对健康的潜在影响，这样就可以采取必要的措施，及时减轻自己的压力。

说明：请大家想一想下面表格中每一件可能出现的生活事件，以及在过去一年中发生过的次数，然后填表（如果发生次数超过4次，填4即可）。

事件	发生次数	×	平均值	=	得分
1.与上司或多或少发生过矛盾		×	23	=	
2.睡眠习惯大改变（睡得过多或过少，或睡眠时间变了）		×	16	=	
3.饮食习惯大改变（吃得过多或过少，或者吃饭时间和环境与以往很不同）		×	15	=	
4.个人习惯改变（衣着、谈吐、人际交往等）		×	24	=	

续表

事件	发生次数	×	平均值	=	得分
5.娱乐形式或次数发生重大变化		×	19	=	
6.社交活动重大改变（比如参加俱乐部、跳舞、看电影、拜访别人等）		×	18	=	
7.参加教堂活动重大改变（参加次数比平时多很多或是少很多）		×	19	=	
8.家庭聚会次数比以前变多或者变少		×	15	=	
9.财务状况发生重大改变（变好或是变糟）		×	33	=	
10.与亲戚发生矛盾		×	29	=	
11.与配偶在孩子抚养、个人习惯或其他方面发生争执的次数比平时增多或是减少		×	35	=	
12.性生活障碍		×	39	=	
13.个人受到重大伤害或罹患重大疾病		×	53	=	
14.亲人亡故（不包括配偶）		×	63	=	
15.配偶亡故		×	100	=	
16.好友亡故		×	37	=	
17.增加家庭成员（生育、领养、老人入住等）		×	39	=	
18.家人身体或者心理产生问题		×	44	=	
19.居住地改变		×	20	=	
20.入狱或被关押		×	63	=	
21.轻度违法行为（交通罚单、乱穿马路、破坏秩序等）		×	11	=	

续表

事　件	发生次数	×	平均值	=	得分
22.重大商业变动（合并、重组、破产等）		×	39	=	
23.结婚		×	50	=	
24.离婚		×	73	=	
25.与配偶分居		×	65	=	
26.取得重大个人成就		×	28	=	
27.子女离家（结婚、外出上学等）		×	29	=	
28.退休		×	45	=	
29.工作时间和条件发生重大变化		×	20	=	
30.工作发生重大变动（升职、降职、平级调动）		×	29	=	
31.被解雇		×	47	=	
32.生活发生重大改变（新建或改造房子、住宅或社区衰落）		×	25	=	
33.配偶开始工作或辞职		×	26	=	
34.大额抵押或贷款（买房或做生意等）		×	31	=	
35.小额贷款（买车、电视、冰箱等）		×	17	=	
36.丧失抵押或借贷中抵押物的赎回权		×	30	=	
37.休假		×	13	=	
38.转学		×	20	=	
39.改行		×	36	=	

续表

事件	发生次数	×	平均值	=	得分
40.开始或停止正规学校教育		×	26	=	
41.婚姻和解		×	45	=	
42.怀孕		×	40	=	
总分					

统计评分

·用事件发生的次数乘以平均值,然后把结果填入"得分"一栏。

·把所有得分相加填入表格底部的"总分"一栏。(请记住,如果在过去一年内某件事发生4次以上,只需在"发生次数"栏里填上4。)

根据霍尔姆斯博士的研究,总分越高,出现应激状况或引发相关疾病的可能性就越大。过去一年中,凡总分300以上的人近期患病的概率为80%;总分为200~299分的人,近期患病的概率为50%;总分为150~199分的人,近期患病的概率为30%。总分低于150分,说明患病的概率非常小。得分越高,越要对自己的健康提高警觉。

每个人的理解力是不同的,适应能力也不同,所以用这个量表只能粗略预测患病的概率。

压力都是日复一日累积而成的,两年前的经历有可能现在还会影响我们。如果觉得曾经发生过的事情至今对自己有影响,可以用这个量表再测试一次,然后进行对比。科学量化自己的压力水平，是学习压力管理的第一步。

预防

大家可以这样使用"近期生活经历量表"：

1. 把这个量表贴在显眼的地方，以便提醒自己生活中发生了多少变化。

2. 思忖每一个变化的意义，并试着确认自己的感受。

3. 思忖应对每个变化的最佳方法。

4. 从容抉择。

5. 学会预测未来可能发生的变化并且做好应对。

6. 掌控生活的节奏，慢慢来，一切都会好的。

7. 试着放松一下。

8. 给自己一些时间，多点耐心，在生活中被压力击垮真的再正常不过了，要有策略地对抗压力是需要时间的，并非一日之功。

9. 确认哪些我们可以控制，哪些我们无法控制，如有可能，选择我们可以接受的变化。

10. 试试本门课程所讲述的压力管理和放松技巧，将最适合的技巧融入自己的压力管理计划中。

状况清单

可以借助下面的清单，先看看自己要解决哪些问题。

掌握了最有效的减压技术之后，大家可以再对照这个清单来评估自己的使用效果。

说明：使用这个10分制量表，确定自己的不适程度。

轻度不适			中度不适				高度不适		
1	2	3	4	5	6	7	8	9	10

状况 （没有经历过的状况可以忽略）	目前的不适程度 (1~10)	掌握了放松和减压技巧后的不适程度 (1~10)
特定情境中的焦虑		
考试		
截止期限		
需要同时优先解决的问题		
面试		
公共场合讲话		
其他		
个人关系中的焦虑		
配偶		
父母		
孩子		
其他		
担忧		
抑郁		
焦虑		
生气		
易激怒		
愤恨		
恐惧		
害怕		
肌肉紧张		
高血压		

续表

轻度不适			中度不适				高度不适		
1	2	3	4	5	6	7	8	9	10
状况 （没有经历过的状况可以忽略）			目前的不适程度 （1~10）				掌握了放松和减压技巧后的不适程度 （1~10）		
头疼									
颈部疼痛									
背部疼痛									
消化不良									
肌肉痉挛									
失眠									
睡眠困难									
工作压力									
其他									

重要提示：身体出现状况可能是单纯的生理原因所致，所以在使用本表之前，要先排除生理原因。

常用应激法

除了科学的应激疗法，可能我们自己也有很多减轻压力的方法。医生可以减轻应激的状况，治疗相关疾病，比如非处方药可以减少疼痛，有助于睡眠，可以让人头脑清醒，全身放松，抑制胃酸过多和神经性肠胃病。但普通人有可能会胡吃海塞、肆意饮酒甚至吸毒，以期减轻压力；当然，还可能做些别的事转移注意力，比如看电视、看电影、上网、搞点业余爱好和运动，也有人为了逃避应激源，选择待在家中，断绝与外界的一切联系。

努力工作、高效产出的减压方式很符合当下的快节奏社会文化，而这类成功人士则被定为拥有"A型"人格。A型人格的人有很强的时间观念，从不松懈，安全感低，具有强烈的竞争意识，一旦他们不能遂愿就容易暴走发怒。弗里德曼和罗森曼[①]对3500位A型人格的健康中年男性进行了长达12年的跟踪研究，而研究结果表明，A型人格的人患冠心病的概率是正常人的2倍。这一结论在健康心理学界引起了很大关注，但是最新的研究表明，A型人格的人只有心怀敌意才会出现明显的健康危险。

2006年，约翰·德诺莱特在《美国心脏病学会杂志》上发表过一篇文章，阐述拥有哪类人格的人容易患上心脏方面的疾病，还划分出一种新的人格类型——D型人格，或者称"抑郁"人格，这类人的行为特征表现为：易怒、待人不友善、感情内敛、少与人交际。而这些特征与氢化可的松[②]有关，它能增强我们对压力的反应，增加患上冠心病以及与压力相关的其他疾病的风险。

芝加哥大学心理学家苏珊娜·科巴萨（Suzanne Kobasa）与其同事所做的研究表明，与饱受焦虑、心理压力大的人相比，有些人则很少被压力困扰，也不会因为压力大而生病或请假。他们将压力视为机遇、个人成长的机会而非威胁。他们认为生活是可以掌控的，自己可以选择和影响事情的发展，他们对家庭、亲人和工作负有深深的责任感，这些个性使他们易与人相处。《健康指

---

① 即美国心脏病学家、医学博士迈耶·弗里德曼（Meyer Friedman, MD）以及雷·罗森曼（Ray H. Rosenman, MD），二人共同提出了A型人格概念。他们把心理学和健康联系在一起，并且对我们如何看待人格何以能导致或避免严重疾病产生了重大的影响。

② 一种在生理功能上与可的松紧密相关的激素。

南》的作者赫伯特·本森和艾琳·斯图尔特说，抗压水平较高的人很少生病，他们人缘好，经常运动，饮食健康。

丹尼尔·戈尔曼（Daniel Goleman）在《情商》一书指出，心态健康的人一贯有较好的自我意识、自我约束和共情，高情商让人们拥有了良好的抗压能力。

心理学家谢利·泰勒（Shelley E. Taylor）在《关怀的本能》一书中认为，人类的生理基因中就有相互关心的因素。她发现当压力来临时，那些习惯于寻求社会和他人支持而非逃避的人（尤其是女性），受压力影响的可能性要小得多。这一理论被称为"照料和结盟（tend and befriend）①"，泰勒认为"良好的社会关系是最便宜的减压药"。

压力应对策略记录表

如果打算改变自己的抗压水平，就要先梳理一下自身应对压力的方法。这非常重要。

说明：下面是应对压力的常用方法，请对照自己的实际情况，在相应的地方画钩。

_____ 1.忘我工作，工作效率很高。

_____ 2.和朋友交谈，得到他们的理解。

_____ 3.吃得更多。

_____ 4.运动健身。

---

① 男女面对压力的反应不同，与男性不同的是，当感受到压力时，女性通过照顾其他人，或者组成有共同主题的社群来面对压力。而这源自母性的本能。

_____ 5. 经常生气,拿身边的人当出气筒。

_____ 6. 经常放松、呼吸和伸展身体。

_____ 7. 抽烟或者喝含有咖啡因的饮料。

_____ 8. 直面压力,努力改变。

_____ 9. 控制住情绪,仔细回想一天发生的事。

_____ 10. 改变看法,试着正向理解。

_____ 11. 睡更长时间。

_____ 12. 远离工作。

_____ 13. 血拼,狂买东西。

_____ 14. 用幽默减压。

_____ 15. 喝更多的酒。

_____ 16. 用爱好和兴趣减压。

_____ 17. 借助药物放松和睡眠。

_____ 18. 健康饮食。

_____ 19. 逃避问题,并希望它们自行消失。

_____ 20. 祈祷、冥想。

_____ 21. 忐忑不安,害怕。

_____ 22. 做好能掌控之事,接受我不能控制的事。

评估结果:偶数项倾向于采取相对积极的策略,而奇数项倾向于采取相对消极的策略。如果选择的都是偶数项,那么恭喜你。如果选择了其中的奇数项,请你想一想,是否需要改变一下自己的思维和行为方式,可以试试相应的偶数项所提供的方法。本书所讲授的方法有助于你做出自我改变。

明确自己的目标

压力管理不只为减压，毕竟生活毫无压力就会变得乏味。前面曾经提到，很多人对应激事件或应激源——比如受伤或爱人离去——持以一种消极的态度。但应激事件通常是积极的，比如拥有一个新家，或者升职之后不但地位变了，也多了新的责任，这些都会带来压力；锻炼塑身，首次挑战的兴奋感，或者在假期的最后一天观赏日落的美景，令心情十分愉悦，这些都是积极的压力。

如果认为所面临的挑战只会带来危险、困难、痛苦、不公平，就容易认定自己无力应对，而抑郁感或者压力的负面作用便会由之而生。其实，只要日常生活中多参与那些积极的活动，就可以消解抑郁，比如尝试一些有挑战性的任务、日常坚持锻炼、学习一些放松情绪的小技巧、多与朋友往来、保持饮食规律、勤于思考、幽默大方、富有娱乐精神。

压力越大，表现就越明显，效果也越突出。当压力水平接近极限时，行为也会更加极端反常。压力管理包括确认压力的指数和类型，结合我们的性格特点、首要目标和生活状态，取得最优异的成果，尽可能提高我们的生活满意度。借助这门课所提供的方法，我们可以学会如何有效地处理抑郁，为自己增添一些积极的压力，给生活注入挑战、快乐和喜悦。

如何有效缓解状况

现在，我们已经明白自己的主要压力来源，接着就需要确认一两种最困扰自己的、因压力而引发的身体状况，然后有针对性地挑选相应的应对技巧。明确目标并努力达成它，会使我们产生一种成就感，我们就能够继续使用那些策略和信念，为自己带来积极的变化。在压力面前，每个人的反应都不同，下面的三张表格会提供一个整体思路，告诉我们首先要做什么，以及该如何完成这一过程。

通过这些表格，我们可以看到大多数问题不止一种处理方法。放大的 X 表示最有效的方法，而相对有效的方法则用小写的 x 表示：

在这 20 堂课里，我们将学习两类技巧：放松技巧和减压技巧。放松技巧侧重于放松身体，减压技巧侧重于思维方式的调整。思维方式、身体和情绪相互关联，我们至少需要从其中各选一种技巧，以便得到最佳效果。比如，压力过大时最糟糕的情况是引发广泛性焦虑症，我们可以选用渐进式放松法和呼吸练习，让身体平静下来。然后进行第十二堂课中关于驳斥非理性观念的练习，以及第十三堂课中关于直面担忧和焦虑的练习，以此减缓精神和情绪上的压力。

状况缓解效用表

状况	技巧						
	呼吸练习	渐进式放松	冥想放松法	视觉想象法	应用性放松训练	自我催眠	自生放松训练法
特定条件下的焦虑（考试、截止期限、面试、演讲）	X	X	X	X	X	X	
关系中的焦虑（与配偶、孩子、老板）	X	X			X		
广泛性焦虑和担忧	X	X	X	X	X		X
抑郁	X		X				
敌意、生气、易激怒、愤恨	X	X	X		X		X
恐惧、害怕	X	X		X			
肌肉紧张	X	X		X	X	X	X
高血压	X	X	X				X
头疼、颈部疼痛、背部疼痛	X	X		X	X	X	X
消化不良	X	X	X			X	X
失眠、睡眠困难	X	X			X	X	
工作压力	X	X			X		
慢性疼痛	X	X	X	X	X	X	X

续表

状况	技巧					
	综合应用技巧	聚焦疗法	驳斥非理性观念	直面担忧和焦虑	如何应对恐惧	愤怒的预防
特定条件下的焦虑（考试、截止期限、面试、演讲）	×	×	×	×	×	
关系中的焦虑（与配偶、孩子、老板）	×	×	×	×	×	
广泛性焦虑和担忧	×	×	×	×	×	
抑郁		×	×			
敌意、生气、易激怒、愤恨		×	×			×
恐惧、害怕		×	×		×	
肌肉紧张	×					×
高血压	×					×
头疼、颈部疼痛、背部疼痛		×				
消化不良	×					
失眠、睡眠困难		×				
工作压力	×	×	×			×
慢性疼痛	×	×	×			

续表

状况	技巧				
	目标设定和时间管理	建立自信心训练法	工作压力管理	营养和压力	运动减压
特定条件下的焦虑（考试、截止期限、面试、演讲）	×	×			
关系中的焦虑（与配偶、孩子、老板）		×			
广泛性焦虑和担忧	×	×		×	×
抑郁	×	×		×	×
敌意、生气、易激怒、愤恨	×	×		×	×
恐惧、害怕	×	×		×	×
肌肉紧张	×				×
高血压	×			×	×
头疼、颈部疼痛、背部疼痛		×		×	×
消化不良	×	×		×	×
失眠、睡眠困难				×	×
工作压力	×	×	×		
慢性疼痛	×	×		×	×

阅读其他课程前请先阅读第二堂课。了解身体，才能读懂本书其他部分，否则无法有效运用技巧。

身体的觉察力

The Relaxation & Stress Reduction Workbook

第二堂课

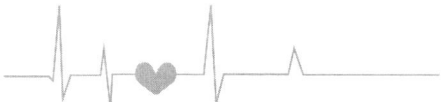

这堂课我们将学习如下内容：
- 大脑和身体是如何相互影响的
- 如何识别身体的紧张
- 识别和缓解身体内的紧张

各位学员好！今天这堂课我们来认识一下身体的觉察力。

识别身体对应激源的反应，是一种极其有用的生活技能。大多数人对天气、日常时间或者收支平衡非常了解，但是对自己的身体紧张状况或个人应激反应却知之甚少。甚至这种紧张状态持续很久了，大脑才有所察觉。感受到压力，肌肉就会收缩，让我们意识到自己处于紧张状态。身体察觉到压力，是认识并减轻压力的第一步。

压力不可避免地会导致身体紧张，且压力消失之后，这种紧张感也随之不再。类似地，对某类事持有特殊看法的人会出现慢性肌肉紧张，甚至引发特定的肌肉群紧绷。比如，如果某位女士认为发火有失优雅，慢慢地她就很可能会颈部紧张和疼痛；而某位男士对未来忧心忡忡，那他可能会患上慢性胃病。慢性肌肉紧张会抑制消化，影响自我表达和导致体能下降，每一块收缩的肌肉都会阻碍器官组织的运动。

只有能够区分外部感觉和内部知觉，才能得知由此会产生何种生理反应以及有何意义。外部感觉包括外界对感官的刺激；内部知觉是指身体内的感知、感受、情感不适或舒适等。大多数情况下我们感觉不到身体内部的紧张，因为大部分意识趋向外部世界。

数个世纪以来，许多东方哲学教派，如禅宗、哈达瑜伽、苏菲派禁欲神秘主义等，都突出强调身体状态对意识的影响以及它们与压力关系的重要性。20世纪，威廉·赖希（Wilhelm Reich）（起初是弗洛伊德的学生）的研究，掀起了西方精神病学领域研究身体与情绪状况之间相互作用的热潮。而弗里茨·皮尔斯（Fritz Perls）的格式塔疗法和亚历山大·洛温（Alexander Lowen）的生物能量疗法，侧重于治疗身体以及身体与情绪紧张的关系。这两种疗法都与心身关系密切相关。了解身体对压力的反应，有助于知晓自我的应激反应，并以此制订压力管理计划。

身体记录表

通过下面的练习能够提高身体觉察力，识别身体的紧张部位。

内部知觉与外部感觉

1. 首先把注意力集中在外界。以"我意识到……"开头说几句话。比如："我意识到车在奔驰，纸张在翻动，咖啡在沸腾，风在吹，地毯是蓝色的。"

2. 察觉到周围的一切之后，将注意力转向身体以及自己的内部世界。比如："我意识到身体很温暖，肠胃在咕咕叫，脖子很紧张，鼻子痒，脚在抽筋。"

3. 觉察力在内部知觉与外部感觉之间交替。比如："我意识到椅子挤屁股，灯发出黄色的光晕，自己在耸肩，有一股熏肉的香味。"

4. 在比较闲暇的时段练习上述技巧。

审视全身

闭上眼，从脚尖慢慢向上，逐一感受全身各个部位的变化，同时问自己："哪里感到紧张？"一旦发现某个部位感觉紧张时，动作要稍微夸张一些，以便自己更容易觉察到它，然后对自己说："我正在收紧颈部肌肉……我正在伤害自己……我正在制造身体的紧张感。"注意，无论哪种肌肉紧张都是我们造成的。想一想在什么情况下肌肉会容易紧张，用什么办法可以改善。

放松身体

平躺在地毯或者结实的床上，抬膝将双脚平放在地上（或床上），闭眼、全身放松（这可能需要我们移动一下身体）。呼气，让气流进入我们的鼻子、嘴巴，再由喉咙进入肺部。全身心集中在身体上，感知身体的每个器官。哪些部位我们能够最先感知？哪些部位我们最容易忽略？哪些部位我最能够轻易感知，哪些部位却几乎没有任何感觉？注意自己有哪里不舒服，详细描述一下，具体是什么感觉。感受一下其他的紧张感和不适感。呼气，吸气，让它们随之消除。放松，吸气呼气5~10分钟。使身体放松。

压力觉察日记

一天之中，有些时候紧张感总会多一些，并且某些应激事件引发身体和情绪出现相应状况的概率要更高一些。此外，某些应激事件常常会让人产生一些典型状况。因此，将应激事件和压力的可能反应状况记录下来是很有用的。

连续两周记下应激事件发生的时间，以及与压力有关的身体或情绪状况发生的时间。

压力觉察日记

日期：＿＿＿＿＿＿＿＿＿＿　　星期：＿＿＿＿＿＿＿＿＿＿

时间	压力事件	状况

以下是一个职员星期一的压力觉察日记：

时间	压力事件	状况
8：00	闹钟没响，上班迟到了，匆忙中只喝了咖啡	有些头痛、浑身发抖
9：30	迟到被领导训斥	
9：50		忐忑、沮丧、呼吸短促
11：00	顾客很粗鲁	
11：15		愤怒、胃痉挛
12：20	午饭匆匆吃完。吃了一些薯片	
14：30		轻微头痛
15：00	向公司高层做报告	紧张、流汗
17：00	堵车，无法与家人共进晚餐	
18：00	跟儿子吵架	生气、头又胀又痛
18：35	妻子偏袒儿子	愤怒，颈部、背部和胃部肌肉紧张
22：00		烦恼、无法入睡

从这篇日记可以看出，特定的压力因素会引发身体出现不同的状况。与人发生冲突、喝一杯咖啡都可能导致胃痉挛。上班匆忙可能导致血管收缩，一整天未进食很可能导致低血糖。如果回到家中再遇到点不顺心的事，一定会怒火冲天，继而身体又会出现各种状况。借助压力觉察日记，可以找到应激事件和典型反应，并且将其制成图表。

运用前面提到的方法练习时，我们会注意到哪些部位会肌肉紧张。而当我们的觉察力提高后，就可以有应对的方法。一旦紧张感被释放，身体就会恢复能量，也会备感舒适。

可以使用下面的"紧张程度记录表"，以便记录练习前后的感觉。

紧张程度记录表

练习前后的评分（1~10 分）

1	2	3	4	5
完全放松 无紧张感	非常放松	中度放松	一般放松	轻度放松
6	7	8	9	10
轻度紧张	一般紧张	中度紧张	非常紧张	高度紧张

第___周	练习前	练习后	备注
星期一			
星期二			
星期三			
星期四			
星期五			
星期六			
星期日			

提高身体对应激事件的觉察力，是压力管理的关键，否则压力将会控制我们。从下一堂课开始，将帮助我们具体学习这一过程。

呼吸练习

The Relaxation & Stress Reduction Workbook

第三堂课

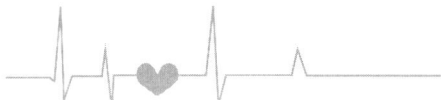

本堂课将学习如下内容：
· 运用呼吸提高内部体验的觉察力
· 运用呼吸释放紧张感和放松
· 运用呼吸减轻或者消除压力状况

各位学员好！今天我们进入第三堂课——呼吸练习。

大多数人都将呼吸看作生命的基本需求，每次呼吸时，我们都会吸入氧气，呼出二氧化碳。不好的呼吸习惯将会阻碍这一过程，所以当压力来临时人会手足无措。事实上，有些呼吸方法确实会增加焦虑、惊恐、抑郁、肌肉紧张、头痛和疲劳的概率。假如我们正确认识呼吸的作用，使呼吸放缓，内心就会变得无比平静，身体也会因此放松。无论是呼吸练习，还是结合其他技巧做呼吸练习，掌握良好的呼吸习惯对身心健康十分有益。

让我们逐一了解呼吸的每个细节。吸气时，空气进入鼻腔，鼻腔温度接近人体体温，吸入的气流变得湿润，其中的颗粒物也会被鼻腔过滤，变得比较干净。分隔肺部和腹部的横膈膜是一片其薄如纸的肌肉，它帮助我们顺利完成每一次呼吸。

人的肺部结构像一棵枝干交错的树，里面的分枝就是支气管，它们将空气运送至富有弹性的肺泡里。吸气时肺泡就像气球一样膨胀变大，呼气时它就收缩下去。肺泡周围的微血管，即毛细管，会吸收氧气并将之输送到心脏。

心脏将被氧化的血液运送到身体的各个部位。血细胞吸收氧气、释放二氧化碳，释放出的气体进入心脏和肺部，然后排出体外。这一过程对维持生命至关重要。

人一般采用以下两种方式呼吸：(1) 胸腔或胸式呼吸；(2) 腹式或横膈膜呼吸。

胸式呼吸是一种浅呼吸，无规律且频率很高。吸气时胸腔打开，肩膀会微微抬起。长期处于压力之中、情绪紧张、保持不良姿势、穿衣过紧、过度收腹挺胸、久坐、饱受感情的折磨，或者长时间注意力集中以致忘了有规律的呼吸，都可能会导致长期胸式呼吸或者频繁屏气，所以很多人认为胸式呼吸是一种不良的呼吸方式。

屏气会导致人体内氧气变少，二氧化碳增多，令人感到疲劳、郁闷。胸式呼吸常常与压力有关，会导致头晕、心悸、虚弱、麻木、刺痛、激动不安和呼吸短促等状况。人们往往只知道快速的胸式呼吸导致换气过度，而忽视了中速或慢速的胸式呼吸。

新生儿和成年人常用的呼吸方式是腹式或横膈膜呼吸。吸气时腹部增大，横膈膜向下缩小，空气被深深地吸入肺部。腹部和横膈膜松弛，空气则被呼出。与胸式浅呼吸相比，腹式呼吸要更加深沉、缓慢，而且更有节奏感和松弛感。呼吸系可以让人从氧气中获取能量并且释放体内的二氧化碳。

试着弄清楚自己的呼吸方式，多用腹式呼吸法平衡体内血液中氧气与二氧化碳的浓度，使心率恢复正常，进而减少因压力产生的肌肉紧张和焦虑。腹式呼吸是最容易让人放松的呼吸方式。

主要疗效

呼吸练习可以有效减缓广泛性焦虑障碍、惊恐障碍、广场恐惧症、抑郁、易激怒、肌肉紧张、头痛和疲劳，通常用于治疗和预防屏气、换气过度、呼吸过浅以及手脚冰凉。

练习时间

只要花几分钟就可以学会呼吸练习，并且马上就能体会到它的好处。呼吸练习不必天天练，只要每周有规律地练习就可以了。试着按照本书所提供的方法练习，然后制订一个练习计划，按照计划练习，才能获得最佳效果。

指导说明

本堂课分为四个部分：（1）准备工作；（2）呼吸练习的基本方法；（3）释放紧张感和提高觉察的呼吸；（4）控制或减轻状况的呼吸。

准备工作

请大家跟我练习——

1. 选择安静的环境进行练习，尽量要有规律，不要随意更改练习时间和地点，掌握练习要领之后，就可以任意选择时间和场地了。

2. 最好使用鼻腔呼吸。若有必要，练习前先清理一下鼻腔。如无法清理，也可以用嘴呼吸。

3. 选择合适的练习姿势。如果是为了放松和保持觉察力，可以选择坐姿；如果是为了有助于睡眠，可以采用卧姿。选择坐姿的话，谨记头部与脊柱要保持平衡，胳膊和双腿不要交叉，脚底紧贴地面。初学者最好采用卧姿，这样更容易学会腹式呼吸，这

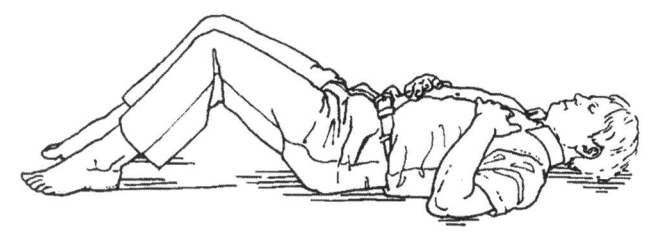

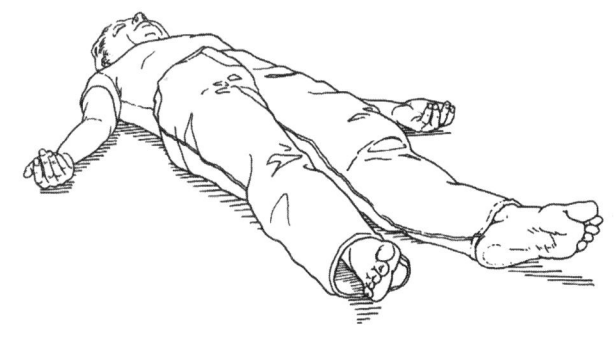

里有两种卧姿：

如背部有问题，宜采用"屈膝式"，膝盖弯曲，双脚呈外八字分开，间隔大约20厘米。确保脊柱延展拉直。

如采用"摊尸式"，双腿伸直，稍稍分开一些，脚趾往外翻，胳膊置于身体的两侧，远离身体，手掌摊开，闭上双眼。

4.练习之前，要检查身体是否有紧张感，如果紧张就换个姿势，直到自己感觉舒服为止。

呼吸练习的基本方法

在练习之前，先观察一下现有的呼吸方法。

1.闭上眼睛，问自己："我现在是如何呼吸的？"右手放在腹部，左手放在胸口。

2. 不要改变呼吸方式，当空气进入鼻腔、到达喉咙后部，然后进入肺里时，注意一下此时的感觉。

3. 注意气流进入肺部时的感觉，并且注意当气流呼出，自己又是什么感觉？此时只进行观察，不要改变呼吸方式。

吸气时哪只手升起的次数更多，是放在胸口的手还是放在腹部的手？腹部起伏的次数多，表明采用的是腹式呼吸；如果腹部没什么变化，或者上下起伏次数比胸部活动的次数少，则表明采用的是胸式浅呼吸。

腹式呼吸

1. 仰卧，一只手轻放于腹部，另一只手放于胸部。自然呼吸，注意腹部的起伏。或者在腹部放一本书，双手放身体两侧，自然呼吸。

2. 如果感觉腹式呼吸比较困难，可以换一种方式：

a. 使劲呼气，让肺部清空，以便腹部肌肉参与到呼吸运动之中。一旦发现自己改为胸式浅呼吸，要重复上述过程。

b. 呼气时，将手紧压腹部。深吸气时，腹部会把手顶回去。

c. 把腹部想象成气球，当吸气时腹部便充满了空气。

d. 俯卧，双手交叠，将头部置于其上，深吸气，使空气进入腹部，能感觉到腹部在触压地板。

3. 胸部是否和腹部一样也在运动，起伏剧烈还是柔和？腹式呼吸时，大部分时间都是腹部在运动，但胸部也会起伏。吸气时，腹部、中胸部、上胸部都会平稳地扩展。打个比方，吸气就像往一个玻璃杯里倒水,而水位渐渐自杯底上升到杯口一样。

4. 明白什么是腹式呼吸以后,便可以进行更深更缓慢的呼吸。想象自己衔着一根吸管,面带微笑,用鼻子吸气,嘴巴呼气。慢慢地深呼吸,使腹部上下起伏。当身体感觉越来越放松的时候,把注意力集中在倾听呼吸的声音和呼吸间的感觉上来。

5. 当各种与呼吸无关的杂念、情绪或知觉分散了注意力时,我们要及时察觉自己走神了,赶紧把注意力转回呼吸上来。

6. 每次练习约 5 分钟或 10 分钟,每天 1~2 次。练习时间可以慢慢增加到 20 分钟。

7. 每次练习后,要关注身体的感觉。

8. 其他:开始或结束时,可以检查一下身体的紧张程度。对比练习前后两者的差别,使用第二堂课的"紧张程度记录表"监控我们的进度。

特殊注意事项

1. 经常关注自己一天中的呼吸状态。自己到底用过哪种呼吸方式?腹式呼吸,还是浅呼吸,或者时常屏气?试着做几次腹式呼吸,注意腹部的变化、吸入呼出的空气,以及深呼吸带来的轻松感。

2. 如果无法随时关注自己的呼吸状态,可在汽车方向盘、壁钟,或者房门处写上"呼吸"两个字,随时提醒自己注意呼吸。

3. 学会腹式呼吸法以后,每当自己因压力导致紧张时,可以用这种方法缓解。当然,尽管有的人觉得用这方法能帮助自己轻松渡过难关,但这毕竟不是对谁都管用的"灵丹妙药"。

4. 如果我们以前多采用胸式呼吸，刚开始练习腹式呼吸时可能会感觉有些别扭。初学者在练习时可以把腹部动作做得夸张一些，这样可以充分体会到它的好处。一旦掌握动作要领，就不需要做得太夸张了。经过练习，我们会发现腹式呼吸是一种更加自然的呼吸方式。

5. 腹式呼吸是一种重要的呼吸方式，也是本门课程所提供的放松技巧之一。因此，在继续下面的学习之前，请确定自己已经掌握了腹式呼吸法。

释放紧张感和提高觉察的呼吸

释放紧张感

1. 用腹部吸气，提示自己吸气。
2. 呼气之前先屏住呼吸。
3. 呼气，缓慢而低沉，告诉自己放松。
4. 暂停，并等待下一次自然呼吸。
5. 缓慢吸气，然后短暂屏住呼吸时，请注意身体紧张部位。
6. 呼气，感受一下轻松的感觉。随着呼气次数的增多，整个人会越来越轻松，紧张感也会减少。
7. 如果自己分心走神，请立刻收敛杂念，迅速回到呼吸上来。
8. 每次练习5~20分钟。
9. 一旦掌握练习要领，每天先在非应激情境下练习几次，然后在应激情境中练习。只需要做几次腹式呼吸，说"吸气"和"放松"，然后呼气释放紧张。注意放松时的感觉。
10. 谨记深呼吸前呼气。

给呼吸计数

虽然练习时分神很常见，但这会大大影响压力的释放。可以尝试在脑海中默数呼吸的次数，这也是一种观察呼吸的好办法，有助于平复思绪，放松身心。

既然是默数，那就要求自己像一个旁观者那样，关注自己的呼吸。所谓旁观者，是指我们自己要客观公正地审视自己，不管自己是有所退步，还是正在努力，要包容地看待这个过程中的进退起落，不要动不动就一概否定。当然，这个说着容易做着难，但熟能生巧，我们只要多加练习，完全可以掌握其中的诀窍。而且就算每次练习时我们有可能会走神，可一旦及时把注意力拉回到呼吸上时，这也像是在做注意力集中训练，能帮助我们集中精神。

1. 这个练习比较适合坐姿。如果喜欢，也可以用来练习催眠术。

2. 缓慢而深沉地进行腹式呼吸。

3. 每一次呼气都要计数。当呼到第四次时，再从1开始数。这样做：吸气……呼气（"1"）……吸气……呼气（"2"）……吸气……呼气（"3"）……吸气……呼气（"4"）……吸气……呼气（"1"）……以此类推。

4. 当心生杂念或者大脑一片空白时，只需自己意识到即可，不必过多纠结，重新将关注转移到默数呼吸上来。

5. 假如忘记数到几了，重新再数就是了。

6. 其他方法：当心生杂念时，可以对这些杂念做一个简单的描述或定义，之后再继续关注呼吸的次数。这样做能让自己保持客观，不会轻易被小情绪干扰。

7.继续数呼气次数，每组4次，练习10分钟，随着练习的增加，慢慢延长到20分钟。

以下是一个初学者默数呼吸的短暂体验：

吸气……"记住要把空气吸入我的腹部……这是思维"……呼气（"1"）……吸气……呼气（"2"）……吸气……呼气（"3"）……"我的肩膀确实有些紧张感……感知……思维……"吸气……呼气（"4"）……吸气……"噢，释放紧张的感觉真好……感知，感觉，思维……"呼气（"1"）……吸气……呼气（"2"）……"我回家时锁上前门了吗？我的胸部感到紧张，抑制了我的呼吸……是的，放松……思维，感知，感觉……我不能这样做……思维，记住去呼吸……我刚才在哪里？……浮想联翩"……吸气……呼气（"1"）……

·如果想学习更多，请翻书到第5堂课"冥想放松法"。

·如果发现自己已经分神，静静地收回注意力就好。

·放松练习时，保持客观、包容的心态审视自己的练习过程，有助于我们提高日常生活的技能。

学会将注意力转回到呼吸和默数呼吸上来。

轻微紧张的释放法

一天之中，有很多短暂的闲暇时光。比如，叹气或者打哈欠虽然可以缓解紧张感，但也意味着身体的缺氧。我们可以将之作为一种放松方式，不过要记得有意识地坐直或站直。

叹气：

1. 当气流从肺部释放出时，深叹一口气，发出深沉的声音。

2. 不要总想着吸气，要让气流自然地进入。

3. 只要需要，便可以反复练习。

打哈欠：

1. 嘴张大。

2. 将双臂举过头顶。

3. 打哈欠（可能的话，大声地打哈欠）。

4. 根据需要，反复练习。

腹式呼吸：

1. 心无杂念。

2. 注意身体的感觉。

3. 做3次缓慢、放松、深沉的腹式呼吸。

4. 注意身体的感觉。

5. 如有需要，可以反复练习。

注意事项：有时候我们没有时间静下心来体会自己的感觉，但是，可以做几次腹式呼吸释放紧张感。

控制或减轻状况的呼吸

腹式呼吸和想象

下面的练习综合了腹式呼吸和自我暗示的优点。

1. 双手轻轻地放在腹腔神经丛所在的（肋骨与腹部的分界点）部位，然后做几分钟的腹式呼吸，感觉到身体放松了。

2. 想象能量随着每一次的吸气涌入肺部，并且立刻储存在腹腔神经丛里。在大脑中想象能量随着每一次呼气流向身体的所有部位。

3. 每天至少连续练习5~10分钟。

第二步也可以用以下方法代替：

一只手放在腹腔神经丛，另一只手则放到身体的疼痛点。吸气时，想象能量涌入身体并储存下来；呼气时，想象能量到达并刺痛我们的疼痛点。越来越多的能量涌入身体，随着每次呼气想象疼痛感从身体中消失的感觉，脑海中的这个过程一直要清晰且形象化。

替代呼吸法

大多数人觉得这个练习很有用，患有紧张性头痛或者窦性头痛的人尤其受益。刚开始练习时，可以先练习5次，随着熟练，可以练习10~25次。

1. 选择一个舒服的位置坐下，坐姿端正。

2. 左手的食指和中指放于前额上，拇指压住左鼻孔，右鼻孔慢慢吸气。

3. 无名指压住右鼻孔，同时移开拇指，左鼻孔打开，左鼻孔慢慢呼气。

4. 左鼻孔吸气，拇指再压住左鼻孔，右鼻孔打开，右鼻

孔呼气。

5.右鼻孔吸气，开始下一轮练习。

呼吸训练

下面的练习改编自马西的练习方法，也称"呼吸再训练"，特别适合患有恐惧障碍或者广场恐惧症的人练习。很多人感到恐惧时会使劲喘气，呼吸急促并且屏气，胸腔由此憋闷以及缺氧。反过来，又会引发浅呼吸，也就是胸式呼吸或者换气过度。换气过度会引起惊恐。呼吸训练中的计数或计步可以缓解这个情形。请按照以下步骤练习：

1.先呼气。有时人会感觉到紧张或者恐惧，或者头脑中会出现"如果……将会怎么样"的念头，比如，如果晕倒、心脏病发作、不能呼吸，我将会……就需要呼气。呼气是非常重要的，通过呼气，肺部得以打开，从而达到身心放松。

2.用鼻子呼吸，这会使我们的呼吸放慢，从而阻止了过度换气。若无法用鼻子呼吸，可以像嘴唇吹气一样，用嘴巴呼气吸气。

3.刚学习这个技巧时，采取仰卧的方式，一只手放于腹部，另一只手放于胸部。先呼气，然后用鼻子呼吸，同时默念"1……2……3"，停顿几秒钟，然后通过嘴巴呼气，数"1……2……3……4"，确保呼气比吸气时间长。这个过程可以防止我们呼吸短促、气喘和恐惧，身体感觉舒服一些。

4.放慢呼吸。吸气，同时数"1……2……3……4"，停顿一下，然后呼气。数"1……2……3……4……5"，放在腹部的手会被顶起，但放在胸部的手尽量不要移动。走神时，要把注意力收回自己的呼吸上。

替代姿势：

平躺，双手交叉置于头下，吸气时，数"1……2……3"，呼气时，数"1……2……3……4"。像第4步那样，吸气时数到4，呼气时数到5，速度要慢。

站立、行走或者坐着，也可以完成第4步练习，步速要与呼吸的频率保持一致。

如果这样练习令自己身心愉悦，也可以不用数数，在吸气时说"进气"，呼气时说"冷静"。保持相同的步速，先呼气，并且呼气的时间要比吸气的时间稍稍长一些。用鼻子吸气，用嘴巴呼气。

本堂课小结

每天练习一到两次，每次练习20分钟，这样身体就可以保持放松状态，有效缓解生活中的各种压力。现在请制订练习计划，留出时间练习吧。此外，如果练习时感到紧张，需要检查自己的呼吸状态。当感觉自己在屏气、浅呼吸时，就需要练习腹式呼吸。

渐进式放松

The Relaxation & Stress Reduction Workbook

第四堂课

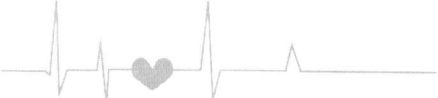

本堂课将学习如下内容：
- 紧张的肌肉群和放松的肌肉群的区别
- 渐进式放松全身肌肉
- 压力之下快速放松

各位学员好！今天我们来学习渐进式放松。

当压力来临时，身体会感受到不安。渐进式肌肉放松法可以减缓脉搏，降低血压和惊跳反射，也可以减少排汗率和呼吸率。成功掌握深层肌肉放松技巧，胜过服用抗焦虑药。

芝加哥内科医生埃德蒙·雅格布森（Edmund Jacobson）于1929年出版了《渐进式放松》一书，书中阐述了深层肌肉的放松技巧，认为掌握这项技巧无须想象力、意志力或暗示。这一看法是建立在这个假设之上的：人在焦虑时会肌肉紧张，反过来身体的紧张会加重心理上的焦虑。深层的肌肉放松法既能缓解生理上的紧张，又能去除焦虑感，这其实是用一种习惯代替另一种习惯。

雅格布森的这种放松法要花几个月甚至几年才能学会，约瑟夫·沃尔普（Joseph Wolpe）提出了一种较简单的方法，只需要几天或几周就可以掌握。这种方式是系统脱敏疗法的一部分，沃尔普以此治疗恐惧症。他发现受试者一旦放松，就容易接受或者应对恐怖的场景。

主要疗效

渐进式放松对治疗肌肉紧张、焦虑、抑郁、疲劳、失眠、颈部和背部疼痛、高血压、中度恐惧和口吃有明显疗效。

第四堂课　渐进式放松

所需时间

1~2 周，每天 2 次，每次 15 分钟。

指导说明

很多人不知道自己到底哪部分肌肉紧张，练习渐进式放松时，注意力要集中在特定的一组肌肉群上，在释放这组肌肉群的紧张感时，也要关注并感受放松的过程。通过对不同组肌肉群进行练习，就可以识别特定的肌肉群，并且能区分紧张和深度放松的感觉。

练习时可以平躺，也可以坐着。每一组肌肉群紧张 5~7 秒，然后放松 20~30 秒。当然，这都是凭经验预估的时间，其实没那么严格的时间界限。这个步骤至少重复 1 次。如果某一组肌肉群很难放松，可以练习 5 次以上。

语言提示

在放松时，重复以下这些话，也许会对我们有帮助：

- 释放紧张感。
- 冷静，放松。
- 放松并舒展肌肉。
- 消除紧张感。
- 释放更多的紧张感。
- 越来越深。

基本步骤

下面,我们来讲述基本步骤。请大家跟着我一起练习。

找一个安静的房间,确保练习时不受干扰,选择一个舒适的姿势。尽量穿宽松的衣服,脱掉鞋子。

慢慢地做几次深呼吸,开始放松……

紧握拳头并且向手腕内侧弯曲,放松其余部位……

越握越紧……

感觉到拳头和前臂的紧张……

现在放松……

感受双手和前臂的松弛……

注意放松和紧张的区别……

(如果有时间,至少重复此步骤和后面所有的步骤一次。)

肘部弯曲,紧绷肱二头肌……

使劲紧绷,观察拉紧度……

双手垂下并且放松……体会一下不同的感受……

注意头部,前额紧绷,注意此时的感觉。

放松,去除紧张感。想象前额和头皮变得舒展和放松的感觉……

皱眉,注意前额和头皮的紧绷感……放开。让眉毛再次舒展。

紧闭双眼……稍稍紧闭……放松。双眼自然紧闭。

张大嘴巴,感觉下巴的紧绷感……

放松下巴……下巴放松时,嘴唇会微微张开。

注意一下紧张和放松的区别……

用舌头抵住上腭,感受一下嘴唇后部的张力……放松……

第四堂课　渐进式放松

嘴巴紧闭，噘成"O"形……放松……

感受一下前额、头皮、眼睛、下巴、舌头和嘴唇的放松……越来越放松……

慢慢转动头部，直到有紧绷感，然后换方向转动。放松，让头部保持舒服的姿势……耸耸肩，肩膀朝耳朵的方向抬高……保持这个姿势……肩膀放松，会感觉到颈部、喉咙和肩膀的松弛感……完全地放松……

吸气，让空气充满肺部。屏气。体会紧绷感……呼气，让胸腔放松……继续放松，自然和轻柔些……呼气时注意肌肉放松的感觉……接下来，胃部紧绷并且保持几分钟，感受紧绷感……放松……把手放在胃部。深深地吸气，让气息涌入胃部，向上举起双手。屏气……放松。当气息呼出时感受那种松弛感。背部拱起，不要绷紧。其他部位尽量放松。注意背部的紧绷感……现在放松……放松。

臀部和大腿收紧……放松，感受其不同……双腿伸直并紧绷，脚趾向下弯曲。紧绷……放松……体会这种感觉……伸直并紧绷双腿，向脸部弯曲脚趾。放松。

慢慢地深呼吸，感受深度放松带来的舒适、温暖。当释放完最后一点紧张感时，感受到更多的松弛感。脚放松……脚踝放松……小腿肚放松……胫部放松……膝盖放松……大腿放松……臀部放松……让放松的感觉到达胃部……下背部……胸腔……越来越放松。感受肩膀……胳膊……和双手……越来越深的松弛感。注意颈部、下巴、面部以及头皮松弛的感觉……慢慢地深呼吸。此时，全身有舒适、松弛、放松、平静而安详的感觉。

简易步骤

所有肌肉群同时紧绷，同时放松。像前面一样，至少重复每个步骤1次，每个肌肉群紧绷5~7秒、放松15~30秒。注意紧绷与放松的差异。

1. 双拳蜷紧，肱二头肌和前臂绷紧。放松。
2. 头部顺时针方向转一圈，然后逆时针转一圈。放松。
3. 前额皱起，眯着眼睛，张开嘴，耸起肩。放松。
4. 肩胛骨向外侧、向后侧打开，深呼吸至胸腔。屏住呼吸，放松。深呼吸，胃部鼓起，保持几分钟，然后放松。
5. 双腿伸直，脚趾指向脸部，胫部紧绷。保持，放松。双腿伸直，脚趾弯曲，小腿肚、大腿和臀部紧绷，放松。

特殊注意事项

练习的同时，大家还需要注意以下事项：

1. 掌握技巧后，可以进行有规律的练习，这会越来越容易放松。
2. 颈部和背部紧绷时，要特别小心，因为拉伸过度可能损伤肌肉或脊柱。过度绷紧脚趾或双脚，也可能导致肌肉痉挛。
3. 新手刚开始练习时容易出错，比如在要求绷紧肌肉时，心里同时也要有紧张感；而要求逐渐放松肌肉，却放松得太快。
4. 刚开始时可能需要一个安静的环境练习，但最终可以在任何环境下练习。

冥想放松法

The Relaxation & Stress Reduction Workbook

第五堂课

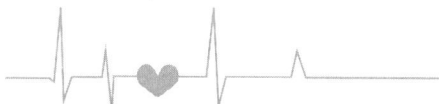

本堂课将学习如下内容：

· 基本冥想技巧的使用

各位学员好！这堂课我们学习冥想放松法。

什么是冥想呢？冥想是一种有意识的精神训练，在特定的时间内将注意力全部集中在某个目标上。目标物是什么并不重要，而且不同的文化习俗中目标物都不一样。通常情况下，冥想者可以大声重复或反复默诵一个音节、一个单词或者一句话，我们称之为瑜伽语音冥想（mantra meditation）。烛火或一朵花，都可成为冥想的目标。许多冥想者发现，其实自己一起一伏的呼吸是最方便而轻松的冥想目标。可以将任何东西作为冥想目标——书桌上的台历、自己的鼻尖，甚至某个亲戚朋友的姓名。

冥想的核心并不仅仅在于将注意力集中在关照对象以便排除杂念，还在于集中注意力的方式。理解这一点非常重要。因为大脑其实并不喜欢集中注意力，进行冥想时会有无数的杂念来干扰。典型的冥想应该是这样的（此时冥想者选择了重复计数，数到3）：

1……2……这不算太难……1……2……3……1……我现在没那么多杂念了……哎哟，哎哟，我刚刚有了一个念头……再数一遍……1……2……我的鼻子痒痒了……1……挠一下不知道行不行……该死，又冒出了一个念头。我必须努力练习……1……2……3……1……2……我必须严厉自责下。我不该这样……1……2……3……1……我饿了……今晚做什么饭呢……1……2……3……脑子里好多念头啊……冥想真难啊……1……2……先别下定

第五堂课　冥想放松法

论……1……2……3……1……

注意力一旦不集中，就需要返回起点。通过重复这一心理过程（指杂念的冒出到重新集中注意力），人的大脑会发生显著的变化：

· 大脑应该集中思考某件事，而非在意自己对此的感觉，如担忧、害怕或者憎恨等。

· 对于那些突然冒出来的念头没有必要纠结，要知道你完全可以选择自己的想法。

· 让我们分心的杂念无非这几种：怨恨、恐惧、愤怒、企盼、盘算或回忆细节，等等。

· 特定的思维方式可以表现为特定的行为模式。一旦我们洞悉自己的思维模式和固有观念，就容易摆脱这些对自己的束缚。

· 情绪除了可以在大脑中生成想法、虚构画面之外，还能令生理产生一定的变化。

· 把注意力集中在对身体的感觉上，而不是去关注由此产生的各种情绪，这样的话，情绪再怎么激动，也是可以被控制的。

· 思维和情绪并非永恒，我们的身心既会为它们而困扰，也可以将其驱除得一丝不留。

· 当我们认清现在，对任何事保持一种开放心态，就不再会有大喜大悲之类的极端情绪波动，自然也就能享受生活的岁月静好。

1968年，哈佛大学的赫伯特·本森博士及其同事决定对冥想进行一系列测试，检测它能否真正对抗压力造成的生理反应。他们观察到，冥想时人体会产生以下生理反应：

1. 心率和呼吸频率放慢。

2. 耗氧量降低20%。

3. 血乳酸浓度降低（该浓度因压力和疲劳会增加）。

4. 皮肤抗电流能力（放松的征兆之一）增加4倍。

5. 脑波模式的脑电图分析数据显示出大脑 α 波增加，这是放松的另一个征兆。

本森博士于1997年再次证明，只要具备以下四个条件，任何冥想练习都会产生上述的生理变化：

1. 一个相对安静的环境。

2. 一台可以提供持续刺激的脑科仪器。

3. 保持舒适的姿势。

4. 心态要顺其自然。

经常做冥想练习，注意力会更加集中，内心也会更加平静，面临突发情况能及时做出抉择，遇事也很少犹豫不决或陷入被动。

主要疗效

冥想已经成功地用于治疗和预防高血压、心脏病、偏头痛以及糖尿病和关节炎之类的自身免疫性疾病。结果证明，冥想对强迫性思维、焦虑、抑郁和敌对性有缓解作用。

所需时间

练习一段时间后，冥想的益处愈发显现：人更放松，注意力更加集中，适应性增强了，因此定期练习冥想非常重要。

指导说明

姿势对于冥想来说非常重要。练习冥想是需要集中注意力和花费一定的时间的。

1. 选择让自己舒服的坐姿：

· 坐在椅子上，两膝舒适地分开，双腿不要交叉，双手放在大腿上。

· 盘腿式（Tailor-fashion）。双腿盘腿坐在地板上。臀部坐在垫子上，当膝盖触碰到地板时，感觉最舒服，身体也最有力量感。

· 日式（Japanese-fashion）。膝盖跪地，大脚趾触地，脚后跟向外翻，臀部整个放在脚底板上。如果臀部贴着垫子坐下，能坚持更久。

· 瑜伽莲花式（Yoga lotus position）。身体柔韧才能选择这个姿势，初学者不宜采用。

2. 后背挺直，但切勿僵硬。下巴微收，让头部重量完全压在脊柱上。背部可以微微拱起。

3. 上身左右、再前后轻轻摇晃几下，上半身的重心在臀部找到平衡点。

4. 嘴巴闭合，用鼻孔呼吸。舌尖抵住上腭。

集中注意力

集中注意力意味着无论有多少杂念，都要借助意念让内心保持

瑜伽莲花式

日式

盘腿式

平静。因此，可将集中注意力比作风眼①。集中注意力有三个步骤：

基础训练

闭眼，集中关注身体与地板、垫子或椅子接触的部位。这时会有什么感觉呢？接着，关注身体彼此触碰的部位：双手是否交叉？双腿是否盘起？注意这些触碰部位的感觉。最后，关注身体占据的空间以及自身。试试还能区分出身体和空间的界限吗？注意那种感觉。

呼吸

闭眼，深呼吸几下，注意呼吸质量。呼吸是快还是慢，是深还是浅？注意气息停留的部位，是停留在上胸腔吗？还是停留在上腹部？或是停留在下腹部？试着将气息从一个部位转移到另一个部位。吸气，先让气息到达上胸腔，然后到达胃部，接着再进入下腹部。呼吸时，我们会感觉到腹部肌肉的扩张和收缩。注意，上胸部和胃部几乎是不动的。"下行式呼吸法（dropped breath）"是最放松的姿势。如果无法腹式深呼吸，也没有关系。随着练习的加强，气息将会自动下行。

心态

顺其自然的心态也许可以帮助冥想者达到放松状态。对于初学者来说，需要意识到自己会有很多杂念，而专注的时刻少之又少。这是很自然的，也在意料之中。冥想时免不了会产生杂念，甚至可以说杂念也是冥想的一部分。若是没有杂念，便不能学会

---

① 风眼或称台风眼，是位于热带气旋中心天气十分稳定的地带。在强烈的热带气旋中，风眼处云淡风轻，以多云到晴为主。

排除它的方法。

顺其自然的心态意味着不必刻意关注什么，无论自己是对是错，目标达到与否，或者冥想是否适合自己，都无须在意。"我不过是坐在这里练习冥想，一切自有安排。"

时间

一般情况下，只要花时间进行冥想都能让人放松。刚开始练习时，只要觉得舒服就应坚持下去，哪怕每天只练习 5 分钟也行。勉强而为容易产生厌恶感，可一旦发觉自己确有进步，就比较容易坚持下去，甚至可能就想多点练习时间了。至于放松练习，每天一两次，每次 20~30 分钟就可以了。

练习

以下练习分为五组：

· 第一组练习讲述了三种基本冥想方法。每种方法都试试，然后挑选最喜欢的那一种，每天至少练习一次。

· 第二组是冥想练习，有助于逐渐掌握肌肉群的放松技巧。

· 第三组介绍了正念（mindfulness）练习。练习过程不见得会一帆风顺，而且为了集中精神、树立正念要进行坐禅练习。练习不受场地限制，当身体因压力而产生反应时，正念练习可以使自己迅速冷静下来。

· 第四组练习以第三组为基础。在现实生活中，我们也许发现自己经常被小病小痛、烦恼或失望等想法所干扰，还会因此导致肌肉紧张。当我们冥想时，通过练习情绪放松技巧，不再对那些琐事大动肝火，这样就算遇上更大的麻烦，我们也能够从容应对。

·第五组练习会引导我们释放固执的想法和情绪，不然，这些先入为主的执念将会令我们难以放松。

第一组：三种基本冥想法

瑜伽语音冥想

瑜伽语音冥想是最常见的冥想形式。练习之前，需要选择一个词或者音节，这个词也许对我们来说有特殊意义，或者让我们感到愉悦。本森博士建议使用单词"one"，许多冥想者更喜欢选择梵音"om"。

1. 选择一个舒服的坐姿，集中精神，然后深呼吸。

2. 默诵自己选择的咒语（mantra）。如果发现自己走神了要尽快把注意力拉回来，重新开始默念咒语。关注并记住身体的一切感觉，然后接着重复念诵。整个过程不必刻意、强迫，多练习几次诵念，就会掌握节奏感。

3. 有机会的话也可以大声念诵。你念诵的语气、语调有助于自我放松，此时的感觉是否与默诵时有所不同？感觉在哪种情况下更放松一些？

4. 谨记，只能在清醒时练习冥想。重复咒语，尤其是反复默诵的时候，很容易变成机械的重复。一旦如此，我们可能会感觉脑海中不断地回响着自己念诵的咒语，而那时其实我们已经走神或者快睡着了。因此反复诵念时要尽量保持清醒。

打坐冥想

冥想最简单的方法是关注自己的呼吸。

1. 选择舒服的坐姿。

2.注意呼吸，想象它跟海浪那样一下一下地拍打着海岸。我们可以把注意力集中在每一次呼吸上，认真感受气息的一进一出，感受空气充斥肺部、横膈膜收缩的感觉。

3.一旦发现自己走神了，应该把注意力重新拉回到呼吸上，让呼吸主导一切。

4.如果心生杂念，只要感知觉察就好。

5.对抗杂念的方法就是给它们"命名"。比如我们觉得自己正在担心，可以默念："担心，担心，好担心哦。"以此类推，将其他杂念分别命名为计划、回忆、渴望、思考，等等。一旦分辨出什么杂念在干扰自己，就不必再多费心了，继续进行呼吸练习。这种方法可以切断我们与这些杂念的联系，保持心态平稳。

这种冥想只需要练习 20~30 分钟。借助这个练习，我们可以毫不费力地把气息集中在呼吸上，杂念也可以轻松排除。

数息冥想法

数息冥想法是通过计数控制呼吸的节奏，随着轻缓的吸气、呼气，营造一种宁静的感觉。

1.选择坐姿，集中气息，深呼吸几次。闭眼或者凝视离自己约 1.2 米远处的地板都可以，视线还可以集中在某个位置或某物上。

2.深呼吸，但不一定非要腹式呼吸，把注意力集中在呼吸的每个步骤：吸气，切换（停止吸气开始吐气时），呼气，停顿（呼气和吸气之间的间歇），切换（开始吸气时），吸气……以此类推。请仔细注意呼吸时的停顿，当我们在一呼一吸之间停顿时，身体是什么感觉？

3.当我们呼气时，说"1"。接着继续呼气，往下数"2"，每呼一口气，说一个数字，直至数到"4"。然后再从"1"开始数下去。如果被打断，从头开始即可。

4.思想开了小差要及时警醒，然后继续数呼吸次数。

5.如果注意到身体出现特别的感觉，要认真关注这感觉直至它消失。然后再次收回注意力，继续数息。

特殊注意事项

1.做冥想是为了放松身心，并非仅仅摆脱紧张感，练习时我们可能杂念频生，心情非常紧张。然而当冥想结束后，我们会发现自己轻松多了。

2.当思绪随着冥想而安定下来后，会潜意识地回想起一些陈年旧事或隐藏的伤痛。冥想的时候如果突然变得生气、沮丧或者恐惧，可以试着去体验这种情绪，不要抵触，也不必非要弄清楚这种情绪因何而起。如有必要，可以和朋友、咨询师或者冥想教练聊一聊。

3.所谓理想的冥想条件，比如自己只能在安静的地方练习，或者在饭后两小时之后才能练习，或者自己能够舒心投入地练20多分钟，如此之类。但这毕竟只是理想条件，实际情况可能正好相反。比如找不到安静的地方，或者我们只有午饭后有时间练习……不必介意，不要让这些小事阻碍练习。如果发现自己特别容易被噪声或者饱腹感干扰，只需要多想想冥想的目标，厌恶的感觉便会消失了。

4.如果你每天都打坐进行冥想，有件事你得清楚，总会有几天或在一天当中有些时段里，我们根本不想练习，越练习就越觉得练习这个完全没用。如果感觉沮丧，对自己温柔一些，尽量用一些有创意的想法让练习变得更舒服。要知道，沮丧会随着时间的流逝而消失。还要注意有助于继续练习的两点：其一是要选择固定的练习时间，坚持不改；其二是跟大家一起冥想，互助交流的力量不容小觑。

第二组：冥想练习，放松紧张的肌肉

体内内测或审视身体

这组练习有助于身体各部位的放松。注意身体的感觉，尽量舒展身体。

1. 首先要意识到胸腹间呼吸的起伏。你可以控制自己的呼吸，通过呼吸进而体会当下。

2. 把注意力集中到脚底。注意此时脚部的感觉，不要评判也不必区分，只是用心去感受。片刻之后，想象我们的气息下沉、流向脚底。随着我们的一呼一吸，身体越来越放松、柔软，紧张也不复存在。而我们只要静心关注这感觉即可。

3. 现在，将注意力集中到脚的其他部位，一直到脚踝处，体会此时双脚的感觉。几分钟之后，想象气流不是在肺部流动，而是流向脚部，想象气息在从脚部进出，并且注意这样想象所产生的感觉。

4. 如前所述，将双脚换成身体其他部位，小腿、膝盖、大腿、骨盆、臀部、下背、上背、胸部、腹部、肩膀、颈部、头部和面部，进行练习。认真关注身体各部位的感觉，不要勉强或者仔细区分，仅仅是想象气息自身体的某个部位流入，之后又流向另一部位。

5.关注自己的颈部和肩部，或身体有些疼痛、紧张或不舒服的部位。体会这种感觉就可以了，不必在意这感觉好与不好。每次呼吸时，想象气息正在打开紧张的肌肉群或者疼痛部位，并想象紧张感和疼痛感随着呼吸而渐渐消失。

6.当关注自己头顶时，感受一下身体是否还有紧张或不舒服的感觉。然后想象头顶有一个孔，令自己可以像鲸鱼或海豚那样呼吸。气息从头顶进入，一路到达脚底，然后游遍全身，并将身体的紧张或不适感带走。

在任何场所都可以进行这样的练习，短则几分钟，长则半小时，当然，如果每天都能练习 20~30 分钟就更好了。

移动松紧带冥想法

1.选合适的坐姿坐好，集中注意力，深呼吸几次。

2.想象有一条 8 厘米宽的带子自头顶环戴。将注意力放在绕带子的部位。注意此时感觉怎样，额头有紧张感吗？如果觉得紧张，试着放松放松。除此之外还有什么感觉？认真关注一下。

3.想象带子的位置下移 8 厘米——即松紧带的宽度。再次将注意力集中在绕带子的部位。认真体会这种感觉，眼球感觉怎样？右鼻腔感觉怎样？上唇的肌肉呢？感觉紧张吗？头部注意放松，深呼吸，然后默念："不紧张，不紧张。"

4.带子继续下移，关注自己的感觉。当移到某个部位时感觉到紧张，就做几次腹式深呼吸，放松下来，同时好好体会肌肉放松的感觉。

5.当带子移到上身时，想象它缠在自己一条胳膊上，然后滑过上身，绕在另一只胳膊上，最后又自后背绕回去。注意观察这些部位，包括肩关节，这些部位是什么感觉？能淡化一下关节处的感觉，想象手臂与上身是浑然一体的吗？这时是否还会有紧张感？如果有的话，是在肩膀上还是后背？尽量将紧张的部位放松。

6.带子的位置下移到腿部，从双手到双脚，放松每个部位。注意双腿并拢在一起的部位，以及双脚接触地板的感觉，再次体会这些感觉。

可以用两种方式进行这个练习，试一试哪种方式更好：

·将带子慢慢下移，仔细体验每一种感觉，注意所有肌肉紧张的位置，一一放松。

·迅速将带子往下移，迅速察看一下带子缠过的部位，立即褪下带子。如果选择这种方法，要反复循环做几遍。

第三组：正念与当下意识

压力都源于想得太多，不是追思过去就是忧心将来。既然活在当下，就应该关注现在，而不应一味追悔过去，或总为没影儿的事担心。

进行冥想时，注意力应集中在吸气、呼气或者吟诵咒语上，这样就可以心神安宁，更好地活在当下。当你杂念频生时，无论在回想过去还是忧心将来，是有所期待还是心生厌恶，或由别的什么事引起，这时只要意识到自己分心走神了，就赶紧把注意力拉回来。关注当下才会使身心放松。

正念是冥想的一种形式，不仅使人深度放松，又能够深刻内省。无论我们是身体不舒服，或者感觉有压力，抑或强迫性思维，都可以通过正念训练与消极思想和谐相处。对内在经历（internal experience）中现存之事持完全开放态度，不抵制，不排斥，这样便可全然接纳，拥有活在当下的能力。刚开始进行正念练习时，把注意力集中在呼吸上，就可以形成当下意识。初级练习包括把注意力集中在声音、感情或身体感觉上。观察感知全身或正念式运动，比如瑜伽、太极拳或者气功，也有助于培养正念能力。

进行冥想时，无论关注点是什么，都应该保持平和的、不加评判的、包容的态度。自我陈述的那些事，无论是自己注意到的，或是自己对此的反应，都会给我们带来痛苦或疼痛。冥想时稍加留意就会知道自己的注意力是否溜走，不必刻意纠结，及时将关注拉回到既定物上。比如我们这样对自己说："哦，我的左膝盖真的受伤了，会永远好不了，情况会恶化……"这时只需清楚自己起了这个念头或自己不过是在自说自话，然后重新关注呼吸，而不要让自己继续揪着这事瞎想个没完。继续练习。事实上，用这种方法冥想，有助于我们解决来自内部或者外部的应激源。当我们遇到应激源的时候，在做出惯性反应前要保持清醒，从而避免受制于这种反应，然后呼吸，屏气，另外想个办法化解。这样做能带给你更健康的思维方式、放松方式、洞察力、健康、人际关系和更多的关爱。

饮食冥想

人每天都要吃食物。吃的时候，我们是否会注意自己吃了哪些食物？我们经常跟他人一起进餐吗？或者边看电视边吃饭？看书的时候会吃东西吗？解决一日三餐是不是就花了不到 10 分钟的时间？

以下是自觉饮食冥想练习法。练习时先要找个别人不太可能与你一起去就餐的地方。在此用奶酪三明治举例。

1. 将奶酪三明治放在面前，然后坐下，深呼吸几次。记住三明治的颜色、形状和纹理。三明治是不是看起来很诱人？我们能否一口气吃完？记下自己此时的感受。

2. 意识到自己想吃。把手慢慢伸向三明治，同时在脑中默默记下这个场景。我们可能会对自己说："够到了，够到了，够到了。"给自己的行为贴上标签，便于我们记住自己的目的——保持清醒。当我们拿起三明治的时候，注意我们正在"拿起，拿起，拿起"。

3. 观察把三明治送到嘴巴的动作。当三明治靠近嘴边时，闻一闻，什么味道？能闻到蛋黄酱的味道吗？身体有什么反应？嘴里流口水了吗？注意此时的感觉。

4. 咬第一口时，我们会感觉牙齿咬透了面包。咬完这一口，三明治在嘴巴的什么位置？舌头怎么把食物放在牙齿之间的？慢慢咀嚼。牙齿有什么感觉？舌头有什么感觉？咀嚼的时候舌头是怎么活动的？我们尝到了什么味道？番茄味？奶酪味？舌头的哪一部位尝出的这种味道？胳膊在哪里？放回桌子上了吗？我们注意到此时我们的动作了吗？

5. 吞咽时，食道里的肌肉群会把食团推进胃里，努力体会这些肌肉群是怎样进行收缩和舒张的。吞咽完毕后，食团跑到哪儿了？能感受到胃里的感觉吗？胃在什么位置？胃有多大？是空的、饱的，还是半饥半饱的？

6. 继续吃三明治，注意此时的感觉。如果贴标签有用就贴标签。尽量用很少用的那只手吃东西,因为笨手笨脚的样子可以提醒我们集中注意力。随着冥想的进行,如果出现杂念,记下来就好,然后把注意力拉回食物上。

行走冥想

大多数人需要经常走动,这使得行走成为练习正念的好机会。就如坐式冥想时把注意力放在呼吸上,此时我们需要把注意力放在行走上,而且在任何场所都可以练习行走冥想。

1. 站起身来,放松腹肌,做几次腹式呼吸。随着呼吸的一进一出,感受腹部的舒张和收缩。开始行走。练习时尽量保持放松式呼吸。在行走过程中,吸气时默念"吸气",呼气时默念"呼气"。

2. 尽量按上述的方法做。吸气时迈步,呼气时要求自己正好也在迈步,数数这一个呼吸间自己走了几步。

3. 像其他冥想方法一样,当杂念或者幻象干扰我们时,自己明白即可,然后把注意力拉回行走和呼吸上。

4. 注意行走时的各种感觉。注意力集中在双脚和小腿上。当我们将腿抬起和放下时,注意哪块肌肉在收紧,哪块肌肉在放松,脚的哪个部位会先接触到地面。注意全身的重量是怎样从一只脚移到另一只脚的,膝盖弯曲和伸直的时候是什么感觉。同时注意地面,它是什么质地的,坚硬还是柔软?注意地上有无任何裂缝或石块。走在草坪上与走在人行道上有什么不同?捕捉我们的杂念,然后排除,把注意力拉回当下的各种细节上。

5. 还有一种方法也可以练习行走冥想。行走时,跟随呼吸数行走的步数。如果我们在每次吸气和呼气时走三步,在心里默念,"吸气……2……3。呼气……2……3。吸气……2……3。"以此类推。吸气也许比呼气需要的时间长一些或短一些，可以多走几步或少走几步调节下。也许每次呼吸间时步数并不相同。只需稍加注意，根据呼吸节奏调整就可以了。

目视冥想

开会时、坐公共汽车时，或者在等待中，都可以选择目标练习冥想。这种练习方法一点儿都不引人注意，可以随时随地练习。

1.选一个自己愿意注视的物体盯着，不要移开视线，做几次腹式呼吸。注目时要抱着一种"仿佛这就是我们唯一的目标"的心态，而不要评价注视之物，或由此产生其他联想。看看自己是否能体验到"仅仅看着"。一旦杂念出现，自己知道就好，然后把注意力重新拉回自己的目标。

2.尽量用不同的目标做这个练习。目标可以是以下几类东西：

· 实物——大小和形状确定，并且是静止不动的。

· 大自然的东西——云彩、沙子、一堆枯叶、大海，等等。

· 也可以是体积较大的东西——一面墙或者一块图案精美的地毯都可以。

· 也可以是动态的——人群、来来往往的汽车，等等。如果选择运动的人或物作为目标，不要在意外形，应该把目标视为空间里的一点，只在自己的视线内不断运动罢了。

当我们试图把注意力持续集中在一件事上时，再简单的事情也可以成为练习冥想的机会。还有一个练习的好办法：选择一件每天都会做的小事，做事时集中注意力，关注自己每一个动作以及由此产生的感觉，刮脸、刷牙、洗盘子、叠衣服或者拔草等生活琐事都可以。一旦出现杂念，告诉自己别走神，把注意力重新拉回去。为了能够更加集中注意力，右撇子最好换成左手做事，左撇子则换用右手做，效果会更好。

第四组：留心疼痛或不适感

通常，人们在感到疼痛、刺激或任何身体不适时，都试图隔离它，尽力阻挡或者完全避免不适感。不过，我们越是对抗它，它对我们的伤害越大。伤害一旦加大，我们就会抗拒得更加强烈。这是一种恶性循环，伤痛与对抗牢牢地交结在一起，怎么都解不开。

想要消除疼痛，就要学着去淡化疼痛的感觉。这意味着先要认可疼痛是存在的，然后主动去体验身心的创伤。当体验不适感时，应该学着照顾自己，安慰自己慢慢就会好的，对自己体验到的一切要心存包容与理解。

直面疼痛时，要注意放松，然后用手捏住痛点周围的肌肉。要将注意力放在疼痛本身，而不要去关注自己由疼痛而催生的感觉。

淡化也意味着我们应注意到脑海产生了一些杂念，比如：不舒服的感觉是多么糟糕，自己不得不挪来挪去，挠也不是，不挠也不是，这怎么忍受得了啊，等等。但我们对此不必加以理会。淡化，意味着把土块揉成软泥，慢慢触摸到泥团中心的小珍珠。淡化，好比摘掉了烛火上的灯罩，就可以看清火焰；或是把冰箱里的冻肉解了冻，就可以剔去骨头了。又或是只有把玻璃上的灰尘擦去，才能看清屋里的东西。

在以下练习中，我们将引入一些小小的刺激，通过这些练习，可以逐渐理解淡化的过程。

切勿移动

1. 选择舒服的姿势，集中精神，深呼吸几次。

2. 告诉自己身体要保持静止不动一段时间，然后开始基础练习。

3. 慢慢地，我们可能会发现自己总是不由自主地摇头晃脑或者在椅子上动来动去。认识到这一点之后继续回到冥想状态，再过片刻，我们会发现身体还没有动，心里就已有了动的念头。

4. 一旦意识到自己有上述念头，就要尽力把注意力放在自己的欲望上。我们想动一动吗？想伸展一下背部肌肉吗？也许身体痒痒，又或者蚂蚁正在脚上爬。尽量准确地识别出这些不适感，但千万别动。

5. 当发现自己总是被不适感困扰，要学着淡化这种感觉。如果感觉肌肉群紧张，试着放松一下。要经常关注这些肌肉群，因为它们不会一直处于松弛状态。想想自己采用什么方式进行呼吸的？呼吸时气息只停在上胸部吗？如果是，请改用腹式呼吸。关注自己的不适感又会有什么感觉？体会一下。

6. 练习结束时，将身体慢慢移到我们一直想坐的地方。关注此时的感觉，是马上放松的，还是逐渐放松的？哪种方式让自己的身体感觉更舒服？还感觉紧张吗？如果紧张就放松一下吧。

任何带有刺激的声音或感觉都可以作为冥想的目标。关注这些刺激源，比如割草机的嗡嗡声、犬叫声，都会有助于我们理解身体对刺激的反应。之后，我们就可以学习如何去淡化这些感觉。

第五组：排除杂念

在这组练习中，我们只需观察杂念、感情、感觉的流动，而不必关注这些有何意义或者彼此之间的联系。由此，我们可以认清脑海中到底有哪些杂念，并试着排除。

请大家跟我练习。

1. 选择合适的姿势，集中注意力，深呼吸几次。

2. 闭上双眼。想象自己坐在池水底部，而大脑中的某种念头、感情或感觉则是水泡，试着让水泡离开我们。一个水泡消失了，就接着等待下一个水泡的出现，然后重复之前的过程。只需要观察水泡，不要去想水泡本身。同一个水泡有时候也会反复出现，也有可能同时出现几个水泡，甚至有的水泡里什么也没有。这都不重要，不要理会就是了，随它们去。

3. 如果觉得想象待在水下感觉很不舒服，那就想象自己坐在树下，看到树叶飘落到河水里。那些杂念、感情或者感觉就是一片树叶，树叶顺河水漂走，慢慢离开我们的视野，接着等待下一片树叶落下、随水漂流。还可以把杂念想象成慢慢升起的炊烟。

练习冥想，可以更深刻地理解这个世界，拥有崭新的视野。将冥想作为送给自己的礼物吧，享受从中带来的好处。

视觉想象法

The Relaxation & Stress Reduction Workbook

第六堂课

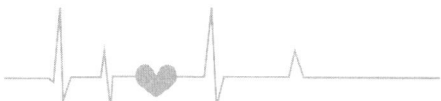

本堂课将学习如下内容：
- 运用想象力去放松
- 管理压力的能力
- 让大脑安全而放松的方法

各位学员好！这堂课我们来学习视觉想象法。

想象力是一种强大的力量，可以极大地减轻压力。早在19世纪和20世纪之交，法国药剂师埃米尔·库埃（Emile Coue）就向大众普及运用积极思维治疗身体疾病的方法，他坚信想象力远比意志力更为强大。通常，人们很难用意志力让自己放松，却可以想象自己置身于一个清幽之地。库埃宣称，所有想象之事都会实现——我们认为自己能成为什么样的人，我们就是那样的人。比如，我们悲观，我们就不会快乐；我们焦虑，我们就会变得紧张。

为了克服苦恼或紧张，我们可能会把注意力放在积极的、有治愈效果的意象上。当我们预想自己将经历孤独和悲惨时，消极思维将投射到我们的行为上，我们会变得自私，那么很可能我们的预想会变成现实。如果一位女士被老板吼过后觉得自己会胃痛，那么她的担心很可能会投射到身体上。库埃发现，当人们患有器质性疾病，比如纤维瘤、结核、大出血和便秘时，越是紧张和担忧，病情就越容易恶化。他建议病人，每天在意识清醒时大声说20遍"今天我会变得更好"，这句话现在几乎人人皆知。

同时，库埃鼓励病人，就寝前身心要放松，闭上双眼进行常规的放松练习。练习的过程中，如果感觉有些昏昏欲睡，就可以有意识地告诉自己一个渴望已久的愿望，比如"明天我就放松了"。库埃认为，这种方法可以将意识思维和无意识思维连接起来，并且让无意识思维促成梦想实现。

20世纪，荣格使用过一种他称之为"主动想象（active imagination）"的治疗方法，他指导人们在心无旁骛的状态下冥想，不受干扰地观察和体验，想象中的画面将进入意识层面。之后，如果有需要，可以问自己一些问题，或者和想象中的情境交流。荣格使用主动想象帮助个体，欣赏自己丰富的内心生活，并学习在面对压力之时怎样借助内在的力量。后来，荣格学派和格式塔学派治疗师据此发明了几种减压方法，这些方法都运用了思维中的直觉和想象力。

今天，视觉想象法在各地治疗癌症和疼痛的医疗中得以普及。1980年，斯蒂芬妮·马修斯和欧·卡尔·西蒙顿这两位将视觉想象法运用于癌症领域的先驱者，出版了《重新康复》（Getting Well Again）一书。1985年阿赫特伯格写出了《治疗中的意象》（Imagery in Healing）一书。1986年康涅狄格州外科医生兼耶鲁大学教授西格尔写了《爱、药与奇迹》（Love, Medicine, and Miracles）一书。

《冥想》（Creative Visualization）[①]、《活在光亮里》（Living in Light）的作者沙克蒂·高文将视觉想象法描述为创造生活及生活事件的能量形式。一切都是能量，我们头脑中有什么，我们的世

---

① 曾由中国城市出版社出版过，中文书名为《冥想》。《冥想》一书，全球热销超过600万册，发行30多个版本，风靡世界。这是一本开风气之先的畅销书和常销书，在第一次出版时就促发了一场个人成长领域的新风潮。

界中就有什么，就像放映机会在空白幕布上放出整个世界一样。

主要疗效

视觉想象法对于与压力有关的疾病很有疗效，包括头痛、肌肉痉挛、慢性疼痛和广泛性焦虑或者特定情境焦虑，可以在手术前进行，有助于化学疗法的进行，在体育比赛中则可以提高运动员的注意力。

所需时间

有时可以马上起效，有时则需要练习几周才有疗效。

指导说明

类型

每个人都可以运用视觉想象法。白日梦、记忆和内心交谈都是视觉想象法在发挥作用。我们可以有意识地将这种方法运用到自己和生活上，以期改善。视觉想象是内心的感官印象，我们可以以此有意识地创造出身体放松和减轻压力的方法。这里有三种可以用于改变自我的方法：

1. 感受法。用这种方法，我们可以让大脑放空，进而描摹出一幅场景，提出一个问题，然后等待回应。比如，我们可以想象身处海滩，海风吹拂着我们的肌肤。我们可以听到浪花起伏的声音，闻到海水的味道，然后我们可能会自问："为什么我无法放松？"问题的答案可能自动浮现在脑海中，"因为我不会拒绝别人"，或者"因为我们无法从丈夫的抑郁中摆脱"。

2.程序法。设计一个有视觉、味觉、听觉和嗅觉的场景，然后想象一个我们希望实现的目标或者可以快速痊愈的方法。比如，哈里特在为赛事做准备。第一次练习时，她想象自己每天都在参加比赛，比赛结束后筋疲力尽，到达终点也需要全力一搏，这些令她很有压力。当真正上场比赛时，她创造了该年龄组的纪录，至今没人打破。

3.引导法。我们再次想象一下场景的细节，可以省略关键因素，然后等待潜意识或者内心向导来将遗失的拼图补充完整。简想象自己正在一个让自己感到特别放松的地方，那里她曾经和童子军去过，她构想了与之相应的嗅觉、味觉、听觉、触觉和视觉。她看见自己在黄昏时分生起营火烘烤食物，她想象向喜欢的女童子军领队请教放松的方法，对方告诉简，每当感到紧张时就先想想那些自己喜欢的歌曲，选一曲唱唱。有时对方让简回想那些惹得她哈哈大笑的笑话和过去的时光，她还说简需要多笑笑。领队经常拥抱她，提醒她有人一直爱着她，她需要寻找爱的肯定。

有效的规则

1.找一个安静之地，解开衣服然后平躺闭上双眼。

2.全身检查，找到具体紧张的部位，尽可能使之放松。

3.在大脑中形成包括视觉、听觉、嗅觉、触觉和味觉在内的所有感官印象。比如，想象身处一座茂密的森林，林木繁茂，天空湛蓝，白云朵朵。再来点声音：风过林木、泉水流淌、鸟鸣声声，等等。漫步丛林，我们可以听到松针踩在脚底时发出的咯吱咯吱声，感受鞋踩林地上的感觉，空气中弥漫着松子的清香，还有青草或者山泉的气息。

4. 运用肯定法。重复简短而积极之语,告诉自己是可以放松的。多多使用肯定句,避免否定句,不说"我不紧张",要说"我正在放松紧张感"。举例:

- 紧张从我的身体溜走了。
- 我可以随意放松。
- 我和生活相处和谐。
- 心中一片祥和。

5. 每天练习三次,早晚躺在床上时练习最方便。熟练之后,在看病候诊时,等待开家长会在休息室休息时,甚至在等候审计时,都可以练习。

紧张和放松练习

1. 眼部放松(须使用手掌)

双手轻轻捂住双眼,双眼同时闭上,试着感受眼前漆黑一片的感觉,也许感受到的会是其他颜色或影像,此时不要太纠结于感受到的一定得是黑色,充分运用想象去记住黑色,比如黑色毛皮、房间里的黑色物体。

练习2~3分钟后,将思维和注意力全集中于黑色。然后放开双手,慢慢睁开双眼,适应光亮,从而体验眼部肌肉放松的感觉。

2. 隐喻性意象

躺下,闭上双眼,然后放松。先想象一个紧张的场景,然后再以一个放松的场景取代之,最好的场景都是自己创造的。场景可以包括如下内容：

- 红色。
- 黑板上粉笔划过的声音。
- 绳子的紧绷感。
- 夜间汽笛的鸣叫声。
- 探照灯的灯光。
- 氨水的气味。
- 被关在黑暗的隧道里。
- 气锤的重击声。

运用视觉想象法，上述让人紧张的场景就会淡化、扩大和消退：

- 红色变成淡蓝色。
- 粉笔被碾成粉末。
- 绳子变得松弛。
- 警报声也许会变成轻轻的笛声。
- 探照灯可能会弱化为柔和的玫瑰色光晕。
- 氨水的气味也许会变成为柠檬或玫瑰的香味。
- 黑暗的隧道也许是通往空气新鲜的明亮海滩。
- 气锤可能变成女按摩师的双手。

全身检查时，感觉到某部位肌肉紧张时，相应地想象一个紧张的场景，而后转为放松的场景。比如，脖子感觉紧张时，可以想象成老虎钳正在夹东西，当说"放松"或者"我可以随意放松"时，想象老虎钳的夹子松开。

对着具体的紧张部位，重复同样的话，体会紧张部位的感觉。

3. 创造专属空间

创造一个专属空间，这将是我们的放松之地。室内室外都可以。可以依照以下几点打造：

- 留一个私人入口。
- 让它成为一个安静、舒适和安全之地。
- 细节上多一些美感。设置中景、前景和后景①。
- 留点空间给内心向导或其他人，让他们舒服地与我们同在。

这个特殊的空间可能在通向池塘的小路尽头，遍地青草，池塘就在27米外，远处山峦叠翠，空气中凉意阵阵。嘲鸫正在歌唱，灿烂的阳光照耀在水面上，金银花散发出好闻的味道，成群的蜜蜂乘兴飞来，快乐地在花丛中盘旋，采撷花蜜。

也可以在想象中设定空间是明亮整洁的厨房。烤箱里烘烤着桂皮小圆面包，风铃随着微风轻轻摇摆，桌上放着为客人沏好的茶，窗外是金灿灿的麦田。

试着记录练习的过程，并且提前练习一下，或者让朋友帮忙大声朗读：

进入专属空间，舒服地躺下。闭上双眼……慢慢进入内心的安静之所……可以在户外也可以在室内……这个地方需要宁静而安全……描绘我们排除焦虑、担忧的场景……注意远处的情况……闻到了什么味道？……听到了什么声音？……注意面前的

---

① 离镜头最近的是前景，最远的是后景，中间的是中景，一般用于摄影构图。

东西……摸一下……什么感觉？……闻一闻……听一听……确保温度适宜……安全……找一个特别之地，一个私密之地……找到通往此地的小路……用脚感受下地面……看看头顶……看到什么啦？……听到什么啦？……闻到什么啦？……沿着这条小路，走入那个宁静、舒适、安全之地。

已抵达专属空间……脚下有什么？……什么感觉？……走几步……头顶有什么？听到什么？还能听到别的声音吗？伸手去摸一摸……什么质地？旁边有笔、纸张、颜料吗？或者有沙子需要倒进来，有黏土需要揉制吗？走过去，拿起来，闻一闻。这些是我们的专属工具，或者是供内心向导展示想法或感觉的工具……多看一些自己能看到的东西……我们看见了什么？……我们听到了什么？我们注意到了什么香味？

坐在或者平躺在专用空间里……注意它的气味、声音、景象……这是我们的地盘，所以不会有伤害我们的东西……如发现有危险因素，请驱逐……用 5 分钟时间确认自己处于放松、安全而舒适的地方。

记住此地的气味、味道、景象和声音……只要我们愿意，我们随时都可以回到这里放松……每次都沿着同一条路来或同一个出口离开……注意地面，摸一摸我们周围的东西……放眼远处，欣赏美景……提醒自己这个空间是自己亲自营造的，只要愿意随时可进入。说一句肯定的话语，比如，"我可以在这里放松"，或者"这是我的专属空间，只要愿意，随时可来"。

现在，睁开双眼，感谢自己的认真。

4. 寻找自己的心灵导师

心灵导师可以是想象中为我们释疑解惑的人或者动物，它可以连接我们的内在智慧和潜意识，告诉我们放松的方法，并且帮我们弄清压力的来源。通过练习，我们可以随时见到自己的心灵导师。

或许我们已经有了自己的心灵导师，比如已故的双亲，或者是其他的精神领袖。如果是这样，邀请他进入我们的特别空间，向他请教放松的方法。

先通读一遍，或者把内容进行录音，或者请一位朋友大声朗读一遍，然后再练习。

像往常一样，先放松，然后沿着老路到达我们的专属空间。请一位心灵导师来到此地。等待。观察他走过的路。注意远处空气中的颗粒。等待。看着导师的到来。聆听他的脚步声。闻到导师身上的气味了吗？当脑中导师的形象慢慢清晰，如果觉得这不是自己需要的导师，感觉不很安全，也可以让其离开。继续等待，直到我们喜欢的导师出现，哪怕它的外表可能会让我们大吃一惊，或者看起来样子怪怪的。

当导师比较轻松时，可以问他一些问题。等待答案。他也许只回应一串爽朗的笑声，或是一句至理名言，或是一种感觉，或是一个梦，或皱起眉头，喉咙发出咕噜咕噜的声音。可以请教导师："我怎么才能放松？我为什么会紧张？"他的回答也许很简洁，也许会让我们感到吃惊。

导师离开之前或者离开片刻后，说一句肯定自己的话，比如"我可以在这里放松"或者"我随时都可以放松"。

依照此法，持续做七天，每天可以做几遍。第七天，我们也许就能找到自己的导师，知道如何放松了。

一个学生失去了自己的母亲和房子，而父亲又无法照顾他，于是他把母亲当作自己的心灵导师。当来自生活和同辈的压力击溃他时，为了放松和寻求指引，他走近母亲。母亲虽寥寥数语，但她的存在、她的态度足以让他安心。

他人的指导之所以能让我们放松，仅仅是因为我们放空大脑予以接纳。对方虽寥寥数语，但是他的一举一动和默默存在却可以指引我们。

每个人的心灵导师都不一样，因此指导方式也各具特色。

5. 听音乐

听音乐是最常见的放松方式之一。然而，每个人对音乐的理解是不同的。因此，当我们想用听音乐放松自己时，要选那些平和、恬静的音乐，这一点非常重要。如有可能，自己录制或者购买可以连续播放 30 分钟的轻音乐，每天播放，或者想听的时候就播放。请注意，反复去听曾经有助于放松的音乐是一种积极疗法，将来会大有助益。

如果希望音乐放松能达到最佳效果，要确保每天有半个小时不被打扰的时光。打开音乐，选择舒服的坐姿，双眼闭合。先检查一下全身，看看哪些部位会感到紧张、疼痛或放松。听音乐时，同时注意自己的情绪变化。每当意识到生起杂念时，要迅速放下，谨记此刻我们的目标是听音乐和放松。说一句肯定的话，比如"放松了"或者"音乐使我放松"。音乐结束时，再次检查一下自己的身体，知道它的感觉。与听音乐之前相比，我们有什么不一样的感觉吗？情绪又有什么变化？

特殊注意事项

1. 如果难以获得身体的感觉，可以先去感受那个让我们有强烈感受的感官，其他感官的情况将会及时得到改善。

2. 经常练习。每天练习三次。这需要花时间，所以需要耐心一些。

3. 时常微笑。笑声可以缓解内心的压力，有助于缓解情绪、消除身体的紧张。笑声可以刺激我们的循环、呼吸、血管和神经系统。大笑之后，压力得以释放，肌肉紧张感得到缓解，让人产生康复感。诺曼·卡曾斯在《病症剖析》（*Anatomy of an Illness*）一书中描述了自己运用笑声战胜罕见痛症的经过。笑声可以助我们摆脱眼前的处境，笑声可以让我们和自己保持适当的距离，放弃不必要的执念。

视觉想象法有助于放松，同时也可以帮助我们集中注意力，厘清思路。而有规律的练习，将会提升我们的幸福感。

应用性放松训练

The Relaxation & Stress Reduction Workbook

第七堂课

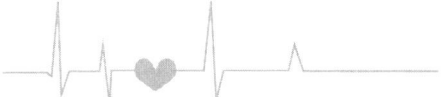

本堂课将学习如下内容：

· 压力之下迅速放松

各位学员好！今天我们来学习应用性放松训练。

20世纪80年代后期，瑞典内科医生L.G.奥斯特发展了实用放松技术。奥斯特在治疗恐惧症病人时发现，当病人发病时，需要采取快速又稳妥的方法帮他们控制焦虑。奥斯特发现，这种技术甚至在应对严重的恐惧症时也能获得极高的成功率。于是他意识到，实用放松技术可以应用到生活的方方面面，比如日常性抑郁、夜宿入睡困难等。

通常情况下，这种方法首先指引我们借助身体的放松来放松，然后逐渐产生条件反射性放松反应，最后学会有控制地放松。我们首先在特定练习场所中练习放松，然后推广运用到在现实生活中。

主要疗效

应用性放松技术最初用于治疗恐惧症病人，但是随着发展，也在其他领域得到了普遍应用，包括惊恐障碍、广泛性焦虑、头痛（紧张性头痛、偏头痛和混合型头痛）、背部和关节疼痛、儿童和成人癫痫症以及耳鸣。临床实践证实，这项技术对失眠、心脏神经症以及由于化疗引起反胃的癌症病人特别有效。奥斯特发现，几乎所有人都能学会应用性放松技术，90%~95%的人从中获益。

所需时间

经过一两组练习后,你会觉得放松了。要谨记这是一个渐进的过程,我们在每个阶段都将学会以更快的速度深度放松,直到我们完全掌握随时放松的技巧。要循序渐进,学完一个步骤再开始下个步骤。花 1~2 周时间,每天做两组练习。听上去像要花很长的时间,但我们在练习时是一天中精力最充沛的时候。

临床使用这项技术,耳鸣患者一般需要两周,惊恐障碍患者需要 14 周,但一般的应用周期都在 2~14 周,通常情况下 5~8 周就可以结束疗程。

具体步骤

具体包括五个相对独立的学习阶段。这些阶段都是渐进的,所以需要按步骤学习。

1. 渐进式肌肉放松法

通过这种方法,我们可以区分肌肉群是紧张还是放松。这说法听起来也许有些奇怪,但普通人确实很容易忽视这种区别。假如我们能弄清这些区别,就能找出病痛点,可以有意识地驱除紧张感,也可以让肌肉进一步放松。请遵照第 4 堂课中"基本步骤"一节所描述的指导说明进行练习。花 1~2 周的时间熟悉这个技术,每天做 2 组练习,每组 15 分钟。自己定个目标,每次练习要做 15~20 分钟,使全身放松。

2. 纯释放放松法

弄清楚肌肉群紧张与放松的区别，就可以进入下一阶段。从纯释放放松这个名字来看，我们就可以猜出它没有绷紧肌肉这个步骤，这意味着练习的时间可以快一倍，甚至更快。

掌握这个技术，首先要弄清楚肌肉紧张与放松的区别。在开始下面的练习之前，要确认渐进式放松法的确让我们感到很舒适。

请大家跟我练习。

A. 坐在一把舒适的椅子上，双臂放在身体两侧，可以稍稍挪动一下，让身体感觉舒适。

B. 关注你的呼吸。深吸气，会感觉到纯净的空气填满胃部、下胸和上胸。坐直，屏住呼吸……然后慢慢地用嘴呼气，感觉紧张和担忧会随着呼出的气体而消失。一口呼尽，放松胃部和胸部。按上面的顺序再次练习。注意，随着呼气，我们会觉得越来越放松。

C. 现在，放松前额，让皱纹舒展。继续深呼吸……眉毛放松，下巴放松，让紧张感完全消失。现在，稍微张嘴，放松舌头，吸气、呼气，放松喉咙，注意面部要放松。

D. 轻轻转动头部，体会颈部放松的感觉。双肩完全下垂，放松。此时，颈部松弛，肩膀沉沉下垂。现在，让放松感从双臂移动到指尖。双臂沉重而放松。下巴放松，所以嘴唇依然是微微张开的。

E. 深呼吸，感受胃部舒张，然后胸腔在扩张。屏住呼吸片刻，然后用嘴巴缓缓呼气。

F. 让放松感蔓延到我们的胃部，当腹部肌肉恢复自然态时会感受到肌肉在释放紧张，放松腰部和背部。继续深呼吸。注意，上半身会有松弛而沉重的感觉。

　　G. 放松下半身。感受臀部陷入椅子的感觉。大腿放松，膝盖放松。放松感会从小腿转到脚踝、脚底，一直到脚趾尖。体会一下这种感觉。双脚踩在地板上，会有温暖而沉重的感觉，随着呼吸渐渐放松。

　　H. 继续呼吸，检查下身体的紧张部位。双腿放松，背部放松，肩膀和双臂放松，面部放松。体会此时平静、温暖和放松的感觉。

　　I. 如果某块肌肉很难放松，尤其要加以关注。是背部吗？还是肩膀？或者大腿？还是我们的下巴？注意这块肌肉，绷紧，再绷紧一些，然后放松。随着时间的推移，能感觉到它与身体的其他部位融为一体的感觉。

　　这个过程中，我们必须消除每一块肌肉的紧张感，不要让已经放松的肌肉再度紧张。当完成了一组练习以后，至少应该感觉到放松。

　　在练习的过程中，我们当然不能给自己压力，要让身体自然放松。如果在一个步骤卡住，深呼吸，然后再试着去放松，或者跳过这个步骤。随着每一次呼吸，要打消强迫自己的念头，保持平静、平和。

　　花 1~2 周时间每天做 2 组练习，掌握这种方法。如果 5~7 分钟的练习可以使全身放松，便可以进行下一步了。

3. 线索控制式放松法

　　这种方法可以进一步缩短放松的时间，甚至可以短到 2~3 分钟。在这个阶段，要把注意力集中在呼吸上，只要告诉自己要放松便马上进入松弛状态。这种方法帮我们建立口令和身体之间的练习，比如"放松"的命令与肌肉真正放松之间的联系。开始练习前，请确保自己在上个阶段的练习很舒服。

A. 选择一个舒服的坐姿，胳膊放在大腿上，双脚平放在地板上。深呼吸，然后屏住呼吸，之后通过嘴巴慢慢呼气，集中全力驱除一天中的烦恼。当胃部和胸部放松时，排空肺部浊气。

B. 运用这种方法让全身放松，从前额一直到脚趾。30秒之内能完全放松吗？时间长一点也没有关系。

C. 此刻我们感到平静。呼吸缓慢而均匀，胃部和胸部随之上下起伏。越呼吸，我们就越放松。

D. 继续深呼吸。吸气时说"吸气"，呼气时说"放松"。

吸气……放松……

吸气……放松……

吸气……放松……

吸气……放松……

吸气……放松……

体会反复呼吸所带来的平静，让担忧和紧张消失。

E. 继续呼吸，把气息完全集中在呼吸上。越呼吸，就越放松，心中的杂念越少。也可以闭上眼，让气息更集中。

F. 现在，继续吸气……放松，同时说以下词语：

吸气……放松……

吸气……放松……

吸气……放松……

吸气……放松……

吸气……放松……

G. 继续呼吸，默念以上话语。感受由之而来的安宁和平静，使担忧和紧张消失。

H. 如果时间宽裕，10~15分钟之后重复以上步骤。

每天按这个方法练习两次。

大多数人发现，在这一阶段实际所需的时间远比想象的少。如果能在2~3分钟之内做到完全放松，就可以进入下一阶段了。

4. 快速放松

这种方法是把时间减少到30秒钟。如果能在短时间内放松，就意味着我们能快速缓解压力。通过反复练习，将会大大提高我们的抗压能力。

在这个练习中，我们需要选择一个特定的放松标志，可以是经常看见的东西，比如手表或者钟，或者一幅画，也可以系一条彩带作为标志。

注视标志，吸气，放松，吸气，放松。视线不要移开，想着"放松"。吸气，放松。均匀地深呼吸。每一次呼气，都想着"放松"。全身放松，注意身体其他部位的紧张和放松情况。

看着自己的标志，完成下面三个步骤：

A. 做两三次深呼吸，呼吸要均匀。

B. 每一次呼气都想着"放松"。

C. 仔细检查身体，关注那些紧张的部位，放松。

在没有压力、自然的场景下，试着每天做十五次练习。这样，我们会经常检查自己的紧张状况，并及时放松。经过几天的练习之后，我们可能想给放松标志换个颜色，或者甚至换个标志，以此来对放松这个概念保持新鲜感。最后，看看自己在遭遇特殊压力时，是否能够使用这种方法让自己镇定自若。

如果这项练习已经可以得心应手地掌握了，并且能在 20~30 秒钟以内达到深度放松状态，就可以进行最后一个阶段的练习了。

5.应用性放松法

这涉及在引发焦虑的情境下如何快速放松。在这项练习中，将使用和上一个练习相同的方法。在压力来临时，请先开始深呼吸。

如果没有意识到压力的征兆，比如呼吸急促、流汗或者心率加快，可以回到第二堂课进行身体觉察的练习。越早识别因压力而来的生理征兆，就越能有效防范。

如果发现自己呼吸异常，心跳加快，或者感觉一股热血上来，就可以开始练习了。

A. 深沉而均匀地呼吸 2~3 次。

B. 呼吸时，默想下面的话：

吸气……放松……

吸气……放松……

吸气……放松……

如果可能，请在呼气时，默想"放松"两个字。

C. 查看身体是否有紧张感，重点放松那些不常运动的肌肉。比如，坐在电脑前工作时，要有意识地放松下半身和腹部，以及头部。眼部肌肉、背部肌肉、颈部肌肉、肩膀肌肉、胸肌、两臂肌肉和双手肌肉经常会感到紧张，是因为眼睛要盯着电脑屏幕，手要敲击键盘。

怎么才能体会到压力的反应呢？想象自己快步跑上一段长长的台阶、上气不接下气的感觉；或是与爱人吵架，或者跟老板发生了冲突，都会有应激反应。当真的遭遇应激情境，可以按照上述三个步骤进行练习。先花一些时间平定一下心情，回忆练习步骤，然后一步一步地练习。虽然没有人知道我们正在做什么，但是我们的镇定自若，将使自己和身边人共同受益。

对自己要耐心一些。掌握任何一项技能都需要练习，之后我们的能力才会得到提升。当我们第一次使用上述的方法克服重重困境时，不见得会感到完全放松。请注意，从某种意义上说，我们能发现自己确实有所改善。随着练习的加强，大多数人都能够抑制焦虑感。从这个角度来看，只需要其中的几个方法就可以减轻焦虑，达到镇定自若和自我控制。

特殊注意事项

如果已经依据上述方法逐步练习，我们现在应该能掌控自己，让自己的身体处于完全放松状态。

我们希望经常练习上述方法，从而使身心维持在最佳状态。每天需要自查身体是否紧张，然后集中注意力去调整。无论使用哪种方法，都可以恢复放松的状态。

当然不是每次都能完全放松，焦虑或者压力状况都有可能会反复的。如果焦虑复发，可以将之作为练习的机会，再接再厉。

用录音来指导练习效果也非常好。录音有助于让我们关注放松本身。可以按照每个步骤的详细方法制作录音，录制时声音要缓慢平静。

自我催眠

The Relaxation & Stress Reduction Workbook

第八堂课

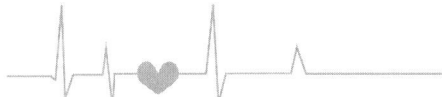

本堂课将学习如下内容：
- 运用自我暗示进行深度放松和积极改变
- 与压力及压力相关疾病做斗争
- 解决具体问题，例如失眠

各位学员好！今天我们来学习自我催眠。

催眠是希腊语中用来指代"睡眠"的一个专业术语。在某种程度上，催眠类似睡眠，是人的意识受限，变得迟钝和被动。但又和睡眠不同，催眠是一个极度放松的过程，人处于半清醒状态，仍然可以对身边的事作出反应。催眠时，闭不闭眼都可以。

催眠可以让我们体会到真实的想法和印象。催眠时，我们会暂时放下戒备，就像沉浸在逼真的幻想或演出中。比如，当看到影片里激烈追逐的场景，我们的思维和身体会出现反应，仿佛自己也身在其中，也在狂奔。身体的肌肉绷紧，胃也在翻腾，心跳加速，我们要么兴奋异常，要么极度恐惧。催眠时人的脑电波图像与实际场景发生时的脑电波图像很相似，被催眠的人正在想象某些场景（自己也在追逐，在海滩上玩耍，或者正在弹奏乐器等）。

也许我们会说自己从来没有被催眠过，其实并不是这样。当我们全身心地做一件自己感兴趣的事情时，便会很自然地进入被催眠的状态。比如，做白日梦就是一种催眠状态。另外，长途驾驶也极其容易被催眠（通常会导致健忘症，忘记旅途中的琐事）。试着回想购物清单列的东西，去回忆一连串事件时，或者在看电视时我们对某个场景感到害怕时，也意味着我们进入了轻度催眠状态。

第八堂课　自我催眠

在本节课，我们将学习用自我催眠去体验积极思维和意象，从而学会减轻压力。我们可以延长、修改或缩短练习时间，以满足自己的需求。

主要疗效

在临床方面，自我催眠对以下状况具有疗效：失眠、轻微慢性疼痛、头痛、神经性抽搐和震颤、慢性肌肉紧张以及轻度焦虑。对于治疗慢性疲劳也很有效。从自我催眠中获得积极的话语和意象可以改善自己的主观体验，比如，心跳加快、手掌冰凉沁汗，以及预期焦虑导致的胃部不适。

禁忌人群

器质性脑综合征或器质性精神病患者，严重智力迟钝者、偏执狂或过度警惕的患者。

所需时间

两天之内见效。如果想要精通，需要在一周内每天做一次基本的催眠诱导练习，然后增加特定的催眠暗示。

具体步骤

暗示的力量

自我催眠的第一步是学会暗示。下面两个简单的练习，说明了暗示的力量：

姿势改变

1. 站姿，同时闭上双眼，想象右手正提着手提箱。

2. 想象手提箱越变越大，整个身体往右侧倾斜。

3. 2~3分钟以后，双眼睁开，注意姿势有无变化。

4. 再闭上双眼，想象吹来一阵风，自己差点跌倒。感受风袭来的感觉，查看身体的重心是否已经改变。

姿势暗示

1. 双臂往前伸，与肩膀保持同样的高度。双眼闭合，胳膊绷紧，想象右胳膊上系一个重物。

2. 想象胳膊系上第二个、第三个重物。当胳膊承受的重量越来越重时，感受右臂的紧绷感。

3. 现在，想象一个极大的氦气球系在左臂，气球随风向空中飞升……越升越高……越升越高。

4. 睁开双眼，看看两臂的位置是否对称。

大多数人发现，为了回应自我暗示，身体或多或少都会移动一点。如果没有发现任何移动，可以多练习几次。如果一丁点移动都没有，有可能是催眠不适合自己。

个性化自我催眠

自我催眠的第二步是学习编写自我诱导脚本，可以在下面这个基本提纲上修改，以符合自己的风格。

姿势：最好躺在可以倚靠的可调节躺椅或者舒适的高背椅上，然后双脚平放在地面上，双腿和双臂不要交叉。衣服解开，最好把隐形眼镜或框架眼镜摘除。

时间：至少需要持续练习 30 分钟。

关键词或短语：催眠要达到什么目标，就要选择与之相应的关键词或短语。如果我们正在为演讲发愁，关键词也许是"冷静"或者"现在放松"。闭上双眼，想象自己身处于专属空间（见下文），慢慢重复这些词语，这样关键词就与深度放松产生了联系。在催眠过程中，当我们沉浸其中时，有可能将某个有意义的关键词自然而然地说出来。经过多次练习，这个关键词或短语便可以快速使我们进入催眠状态。

呼吸：双眼闭上之后，做几次深呼吸。气息下沉至腹部，呼气时我们将体会到全身放松的感觉。

肌肉放松：双腿、双臂、脸部、颈部、双肩、胸部和腹部，依次放松。双腿和两臂放松的关键词是"四肢越来越沉重，也越来越感到深度放松"。前额和脸颊放松的关键词是"皮肤光滑、放松，消除紧张感"。下巴放松的关键词是"释放和放松"，颈部放松的关键词是"释放和放松"，肩膀放松的关键词是"放松和低垂的"。先深吸一口气，然后呼气，依次放松胸部、腹部和背部，边呼气边默念"平静且放松"。

通向某个专属空间的台阶或小路：从 10 数到 0，一边数步数，一边到达那个宁静之地。每数一个数字就代表前进一步，自己就会越来越轻松。可以反复数数，直到变得越来越放松。

自己的专属空间：可以是任何让我们感到安全和宁静之地，比如草地，或者海滩，或者卧室。在那里，我们会注意到某些形状和色彩，会听到这里的声音，闻到这里的芳香，也会注意到这里的温度和身体的感觉。

首次自我诱导之前，试着想象身处专属空间。确保我们想象的画面具体又生动。如果想象自己正在海滩上，是不是可以听见波浪拍岸的声音呢？看见天空中盘旋的海鸥，听见它们的鸣叫声呢？然后又闻到海水的咸味，感受到阳光的温暖，还能感觉到脚踩沙砾的沙沙声呢？想象这一场景时，要试着调动所有的感官，视觉、听觉、味觉、嗅觉和触觉。

深度催眠：反复运用下面四个关键暗示，直到获得深层次的平静和放松。

1. 思维漂移，越来越游离……越来越游离。
2. 感觉越来困倦，越来越平静。
3. 漂移、困倦，困倦、漂移。
4. 思维下沉，下沉，再下沉，彻底放松。

催眠后的暗示：在专属空间做放松练习后，我们可能希望给自己一些催眠后的暗示。

结束催眠：结束催眠时，再次从1数到10，同时告诉自己"我会越来越清醒"。数到9时，睁开眼睛。数到10时，对自己说"我现在很清醒"。

下面是成功自我诱导的主要规则：

1. 花20分钟时间进入催眠状态。
2. 不要为催眠的结果和过程担心，随着练习的进行，催眠是很容易的。
3. 可以经常花时间放松肌肉和深呼吸。
4. 运用不可抗拒的指示语（"我感到双臂越来越沉重"）。
5. 自我诱导时运用"困倦""宁静""舒适"等形容词。

6. 重复所有话语，直到它开始起效。

7. 富有创造力的想象。比如，如果想有沉重感，想象双腿如铅的感觉；如果想有轻盈感，想象氦气球拖起胳膊的感觉，或者想象在云端飘浮。

基本自我诱导练习

自我催眠的第三步是录制下面的练习计划，在练习时回放。使用单调的声音大声朗读，语速要稳定而缓慢，每读一个句子就暂停一下。这将增强我们的放松感，使我们更容易接受暗示。完成这些之后，就可以准备个性化的练习计划。

选择一个舒适的姿势坐下，不要双臂紧抱，也不要跷二郎腿。平静地凝视前方……深呼吸，使气息进入腹部……再次缓慢、深沉、放松地呼吸……再呼吸一次……即使眼睛越来越疲倦，也要多睁眼一会儿，再次深呼吸……再次深呼吸……眼睛越来越沉重……当我们对自己说（在这里插入我们的关键词或短语）的时候，闭上眼睛。

放松肌肉。放松双腿……让双腿有沉重感……双腿越来越放松，也越来越沉重。当双腿只剩一点紧张感时，它们变得越来越沉重……双腿越来越沉重，也越来越放松。既沉重又放松……双臂也越来越沉重……当最后一丝紧张感消失时，也变得越来越沉重。我们可以感觉到双臂往下坠。我们能感觉到双臂越来越沉重，也越来越放松。双臂正在放松……放松……放松，也越来越沉重……越来越放松。四肢沉重，沉重而放松……当肌肉最后一丝紧张感消失时，彻底的放松……越来越沉重，也越来越放松……

面部开始放松。前额变得光滑而松弛，此时正是消除紧张的好时机……脸颊也正在变得光滑而放松，紧张感消失……前额和脸颊彻底放松……光滑而放松……下巴也开始放松……越来越松弛、放松。肌肉也在舒展……嘴巴开始微微张开……下巴变得越来越松弛、放松。

颈部和肩部开始放松。颈部松弛而放松……肩膀放松而低垂……颈部和肩部越来越放松……那么松弛和放松……深呼吸，呼气时能感觉到胸部、胃部和背部的放松……再深呼吸一次，全身平静而放松……平静而放松。再深呼吸一次，呼气时胸部、胃部和背部平静而放松。思维越来越漂移……越来越漂移……越来越困倦、平静和安宁。越来越困倦……困倦而思维漂移……思维下沉，下沉，下沉，彻底放松……思维越来越漂移……越来越漂移。

现在前去自己的专属空间……安全而宁静之地。走阶梯或小路都可以。边走边数数，从10数到0……越走越放松。不到十步，我们便会抵达……越靠近专属空间，我们越感到平静而安全。现在，随着行走，越来越放松，10……9……8……7……6……5……4……3……2……1……0。

（重复两次或者三次是再好不过了。）

现在，我们可以看见专属空间的形状和色彩……听见各种声音……感受各种感觉……闻闻此时的气味。看着它……感受它……聆听它……闻一闻……我们可以感受这里的安全和宁静，安全和宁静……

思维越来越漂移，越来越漂移……越来越困倦、安宁而平静。我们感到困倦，然后思绪游啊游，游啊游，接着困倦……思绪下沉，下沉，下沉，彻底放松。我们是如此放松、安宁而平静。

（暂停一下，在专属空间花点时间放松。）

现在，我们知道自己能够……

（在磁带里留一段空白，用于催眠后暗示语。给自己留点时间，至少重复暗示语三遍。）

准备就绪，回到初始状态……一切复原，我们感到警觉、充沛、格外清醒。现在，开始还原：1……2……3……4……越来越清醒……5……6……7……越来越清醒……8……9……睁开双眼……10……完全警觉……格外清醒。警觉，充沛，格外清醒。

极简催眠

自我催眠的第四步是极简催眠。这是速成技术，可以在0.5~2分钟内催眠。举例如下——

钟摆摆动：将回形针、钢笔或者圆环之类的物体，系在粗线的一头，制造出钟摆效果。用惯用手握住粗线另一头，然后让其下垂来回摆动。体会下自己是否能进入催眠状态。如果回答"是"，眼睛便会不由自主想闭上，然后在脑中描绘烛光的样子。深呼吸几次，慢慢进入深度放松状态。进入催眠状态时，拿绳子的手将会松开，钟摆落地，慢慢地从10数至0。

重复：想象有一只燃烧的蜡烛，然后把注意力集中在烛光上，反复在心里默念"是"。去往专属空间的路上，边走边默念"是"。

目光锁定：目光锁定在稍高于正常视线的某一点上，注意力就集中于此，慢慢地我们会变得困倦，双眼便会闭上。眼球转动2~3次，可以更快入眠。

关键词或短语：慢慢地深呼吸，重复在自我诱导计划中使用的关键词或短语，同时闭上眼睛进入催眠状态。

对自我催眠熟悉以后，上面这些方法是非常有用的。谨记，每次练习结束后，暗示自己：头脑会清醒，精神会充沛，而且状态良好。

五指练习：下面这个练习非常有助于放松。当我们完成这个练习后，请随着平静感进入催眠状态。

1. 大拇指轻轻抵住食指，同时回忆身体疲劳的状态，比如游泳、打网球、慢跑或者做过其他有氧活动之后的状态。

2. 大拇指轻轻抵住中指，同时回想曾经的一次恋爱，一次亲密的交谈，一个温暖的拥抱。

3. 大拇指轻轻抵住无名指，同时回想曾经收到的最美好的称赞，试着去接受称赞，并且向称赞我们的那个人表示敬意。这也是我们对他的称赞。

4. 大拇指轻轻抵住小指，同时回想曾经去过的最美丽的地方，并且在那里停留一会儿。

以上练习不到10分钟就可以结束，但由此可以获得更多的活力、平静以及自尊。任何时候都可以练习。

自我暗示

第五个步骤非常有用，学习给予自己积极的暗示，从而改变自己。在放松、易接受的状态做这个练习效果最好，比如在专属空间进行基本自我诱导时，或者进行的过程中，使用暗示语。

自我暗示可以影响我们的主观体验。创作暗示语的时候，请记住以下规则：

自我暗示这时最有效——

1. 比较直接时。告诉自己："我可以平静、自信和自控。"

2. 比较正面时。避免用负面用语，比如，"我今晚不会感到疲倦。"

3. 比较自由时。试着说"今晚我会感到放松、精力充沛的"，而不说"我将会感到放松、精力充沛"。但是，有些人喜欢自主回应，而不是被要求回应。两种表达方式我们都可以试试，找最适合自己的方式。

4. 关注即将到来的将来，而不是此刻。比如，"我马上就要困了。"

5. 至少重复三遍。

6. 进行情景想象。如果想摆脱疲倦的状态，可以想象脚上装了弹簧在跳跃，自己看起来有活力又很开心。

7. 用情感或感官强调。想戒烟时，可以想象第一次抽烟时那刺鼻的味道，或者肺部无法忍受的感觉。如果想自信满满地赴第一次约会，就想象一直渴望的亲近感和归属感。

8. 不要总使用"尽量"这个词，因为它意味着怀疑和失败的可能性。

9. 努力控制不悦感或者身体的病痛感。如果一开始负面情绪较多或情况比较严重，容易造成紧张。我们可能会说："我的火气越来越大，我大脑充血，浑身沸腾，肢体僵硬。"然后，将这种感觉进一步夸大，并告诉自己："我的火气在慢慢平息，心率在放慢。脸也没那么红了，肌肉变得松弛。"当情绪达到顶点时，情况只会变得更好，也意味着我们在慢慢恢复。在练习过程中，如果能控制好情绪，也就能娴熟地掌控生活。

10.提前写好暗示语。写好之后，在催眠时，把事先写好的暗示语精简为方便记忆的口头禅或流行语。

练习写暗示语。在催眠和放松状态下，人会不由自主地相信任何事情。为之困扰的身体病痛，以及面对压力的习惯性紧张，都需要借助暗示才被了解，然而暗示不能解决所有问题。据我们观察，父亲每次都会因为等待朝我们发火，如果第一次就是因为我们耽误了时间他才发火，那么我们可能就会学会这种回应方式。可以借助催眠术去学会应对延误行为的新方法。例如，对自己说"等待是练习放松的最佳时机"和"我可以消除急躁情绪"，改变不好的旧习惯。

写下应对下列问题的催眠暗示语：

1.害怕晚上走进黑屋子里

2.慢性疲劳

3.对死亡感到恐惧

4.害怕生病

5.轻微慢性头痛或背痛

6.长期愤怒或内疚

7.自责和担心犯错

8.低自尊

9.缺乏动力

10.在他人面前缺乏安全感并浑身不自在

11.对即将到来的测验感到焦虑

12. 改善行为表现

13. 疼痛或肌肉紧张

14. 患病和受伤

暗示语如下：

1. 害怕晚上走进黑屋子里

我能够进入黑屋子，我感到放松、开心、安全、毫无忧虑。

2. 慢性疲劳

我能够保持清醒和安然。我能够享受这个夜晚。我能够调整节奏完成紧急工作。无论什么时候感到疲惫，我都会用五指练习或者其他放松方法。

3. 对死亡感到恐惧

我浑身充满了活力。我将要享受这一天。很快，杂念没有了。（想象自己看见一块黑板，并能看见黑板上的日期。）

4. 害怕生病

我觉得身体越来越健康、强壮。每放松一次，我的身体就强健一次。（做自己喜欢的事情时，想象看到了一个健康、强壮而放松的自己。）

5. 轻微慢性头痛或背痛

很快，头部清醒也放松了。（想象清醒的场景）慢慢地，我感到颈部和背部的肌肉放松下来。（想象柔缓、流畅、放松的场景）1小时之内，彻底放松。

6. 长期愤怒或内疚

因为引起愤怒或内疚的人是我，所以我能够控制自己的愤怒或内疚情绪。（进行引发和抑制非期望情绪的练习）我将放松身体,并深呼吸。

7. 自责和担心犯错

深呼吸可以消除这些情绪。借助呼吸,可以排出消极的紧张情绪,吸入积极的能量(进行五指练习)。

8. 低自尊

每天,我都感到自己更加能干和自信。我可以做到。利用较好的觉察力我尽量做到最好。我感觉到自己变得更快乐、更成功。我对自己更加友善,我越来越喜欢自己。我是一个睿智的、有创造力的、才华横溢之人。

9. 缺乏动力

我自信,我会实现自己的目标。我有能力改变自己。我看到自己正在解决问题。我的决定都是正确的。抛开分心之事,专注于一个目标。事情越往前进行,我就越有兴趣。当我为目标而努力时,新的能量和热情与之产生。目标达成后,我非常开心,我会奖励自己。这是我应得的。

10. 在他人面前缺乏安全感并感觉浑身不自在

下一次见到他,我会自信而坚定地回答他:我的状态非常好,能够收放自如。我把生活里的人都当作好朋友、难得的同事以及深爱的家人。无论何时,只要攥紧双手,我都信心满满。

11. 对即将到来的测验感到焦虑

我能够集中精力学习,背诵考试需要的知识点。紧张时,我会深呼吸和放松。大脑变得越来越平静和敏锐。考试完毕后,我会用____来奖励自己。我想象得到自己考试得了一个"优"。

12. 改善行为表现

我可以冷静地面对压力（想象面对特定压力和恐惧时，自己要怎样冷静与专注），想象从头到尾在玩一个完美的游戏（回想每一次成功所采用的策略）。我会实现自己的目标（目标要具体化和可以想象）。

13. 疼痛或肌肉紧张

我可以看到背部的疼痛，就好像干制的冰剑在灼烧并刺痛着我。现在，我感觉阳光灿烂，背部温暖。冰剑慢慢融化，疼痛也慢慢消失。紧张感开始流淌，同时变成了温暖的橘黄色液体，缓缓流向我的右肩，流经我的右臂，到达握紧的拳头。只要做好准备，就可以松开拳头，释放这温暖的橘黄色液体。这时，只要将手中的液体甩开就可以了（想象一个最能代表疼痛和紧张的东西，让它与另一个东西产生交互作用，以便消除第一个东西象征物，或者将第一个东西象征物转化成比较兼容的东西，或者干脆让它消失）。

14. 患病和受伤

可以想象有一片白光笼罩在头顶，它具有治疗功效。我可以看到它，感受到它。当白光遍布全身时，我可以感觉到它在身体里漂移，冲洗我的肉体，治愈我的病痛。当我可以做自己想做之事时，我感到自己健康而强壮。

针对某个具体问题的自我催眠诱导

另一个可供选择的步骤是，如何利用自我催眠解决生活中的某个问题，比如睡眠障碍。

自我催眠之前，需要注意以下几个问题：

确定问题和目标。我们是否无法入睡或者失眠,或者总是早早醒来?又或者晚上睡不好、早上醒不来?一旦我们明确地将问题归类,便可确定自己的目标。比如,"我可以很快入睡""我能在整点醒来,并且精力充沛、思维敏捷"或者"我倒头就睡,一觉睡到天亮"。

弄清楚并消除可能会产生问题的外在因素。问问自己什么因素影响了睡眠。卧室舒服吗?是不是很容易入睡?又或者卧室乱七八糟,吵闹而且有光亮?是否半个晚上都得面对辗转反侧的同床伴侣,并且一直看着发光的钟,它似乎在提醒我们失去了多少睡眠时间?白天是不是喝了太多刺激性饮料?在使用自我催眠之前,我们需要提出这些问题,因为自我催眠解决不了这些问题。

注意我们的自言自语,可能会从中找到问题的诱因。比如,有睡眠障碍的人经常会关注时间,他们经常这样对自己说:"如果到了半夜还睡不着,那肯定就睡不着了。"如果经常担忧,那即便关灯我们的大脑也是混乱的。"今天真是意外啊,等着老板发难吧!""我知道,我还没复习好,所以明天考试肯定玩完了。"我们是否在安静的夜晚解决问题?"解决了这个问题,我们才可以继续!""我将会告诉她,我说的不是那个意思,然后她会说……"

如果部分原因与我们的自言自语有关系,可以使用"驳斥非理性观念""直面担忧和焦虑"以及"消解愤怒"等几堂课提供的方法识别和改变自己的思维方式。如果因为想法太多而无法入睡,以下暗示会有助于平静睡前情绪。

· 如果总是看钟,可以把钟的正面对准墙壁。把注意力从时间上引开，并且告诉自己："休息时，头脑安静，身体放松。"

·如果容易沉溺于负面的或者不可控制的事情上，可以多想想正能量的事情。

·如果喜欢在晚上解决问题，可以列一个睡前清单，然后和自己约定：把问题放到明天大脑最清醒时解决，晚上就睡觉吧。

自我催眠时，请写下积极的暗示，将暗示与上述思路相结合，强化新行为。

录制一段适合具体问题的诱导词。从专属空间那部分的基本诱导词开始，加上特别暗示语。如果将之运用到睡眠障碍上，可以在基本诱导里添加以下计划。

现在，请随意在专属空间里闲荡。无事可做，无地可去。就这样闲逛，闲逛，闲逛，安静地进入睡眠。当思维越来越游离时，可以想想能做之事，安静地进入睡眠状态。消极的想法已经被我们排除了。精神和身体上的压力与紧张已经释放了。当越来越放松时，每一句新的积极陈述诱导都变得越来越强烈。我们的睡眠状态越来越好。而那些积极的陈述诱导在我们的大脑里浮现。

现在，我们感到非常舒适、非常放松，头部和肩部的姿势正确，背部有支撑，我们仿佛听不到周围的声音了。当我们的思维越来越游离时，我们可能会体验到消极的念头和担忧，它们正千方百计地进入我们的大脑中，打断我们的睡眠。就像扫起地板上的面包屑一样，只要把那个念头或担忧放进密封性很好的盒子里就行。盖好盒盖，放到家里壁橱的顶层架子上。另外找一个时间，不妨碍睡眠的时间，再次回到放盒子的地方。只要有不愿意多想的念头出现，就放进盒子，然后放到壁橱的顶层架子上，以赶走那些念头。继续进入深度睡眠状态。

让思绪回到积极的想法和积极的陈述诱导之中，并让这些积极的想法涌入我们的大脑，比如："我是个有价值的人。"（停顿）"我已经做了很多好事。"（停顿）"我已经实现了积极的目标。"（停顿）仅仅让我们的积极想法涌入大脑。当睡眠越来越深时，多让积极的想法涌入大脑，让它们在大脑随意游动。

越来越放松，睡意越来越浓，也更接近催眠状态，我们会看见这些想法慢慢地消失，慢慢地消失。想象身处一个安宁而特别的地方，面带微笑，我们感觉非常美好，非常舒适，非常放松。（停顿）在专属空间里，我们很容易地进入安睡状态，不被任何事干扰。在安静的酣睡中，我们一觉睡到天亮。如我们醒了，只需再次想象自己的专属空间，就可以很容易地回到酣眠状态。我们的呼吸变得很放松，思绪飘啊飘，然后放松。我们进入酣眠状态，彻夜无扰。在预订的时间，我们将会醒来，全身放松，精力充沛。

现在，无事可做、可想，可以享受我们的专属空间了，这里是如此的安宁，如此的放松。仅仅把思绪放在当下这个空间，是多么的放松。空气也如此的洁净清新，或者可能还会听到各种声音，比如鸟鸣声，或者水流声。或者，当我们懒懒地躺在吊床里时，也许会感觉到阳光是多么温暖，或者带着海边吹来的微风是多么的凉爽。或者，在这里我们还可以体会到其他美好而独特的事物，只需体验、游离和飘浮，一切杂念都不见了，进入安宁的酣眠。只需要随意进入舒适、惬意、安宁的睡眠，身体就会沉重而放松，这时，躺进柔软的床里，我们会非常放松，只需不由自主地进入睡眠……睡眠……睡眠……睡眠……睡眠……睡眠……

第八堂课　自我催眠

特殊注意事项

在车里，或者其他需要你注意力迅速集中的地方，是不能练习催眠的。需要确定一点：进入练习之前，大脑要保持完全清醒的状态。

有些人，特别是缺乏睡眠的人，很容易在催眠过程中睡着。如果我们练习的目的不是为了睡觉，但是我们入睡困难，我们可能希望缩短诱导时间，以便在清醒的状态下听见特别适合自己目标的暗示。很多人觉得催眠时睡着了仍然可以听见积极的暗示，并从中受益。假如很容易睡着的话，可以坐着练习，并设定定时器，这样就不会误事了。

我们也许会发现，当身体上的压力症结消失后，就不想练习了。这是很正常的，不用担心。如果身体的症结之后反复出现，可以再次练习。

只要觉得自己身体出现可疑的状况，或者觉得自己面临压力，就可以使用自己的关键语。完整地练习后，我们可能并不会感觉完全放松，不过还是会比之前轻松。这样，我们的关键语也可以用作提示语，提醒自己可以完全面对应激反应。

借助自我催眠，无论是为了放松或者达成其他一些目标，积极暗示的力量都可能让我们惊喜不已。

自生放松训练法

The Relaxation & Stress Reduction Workbook

第九堂课

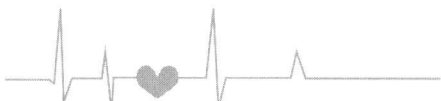

本堂课将学习如下内容：
- 对口头指令做出迅速反应，从而达到放松
- 让身体回到一个平衡而正常的状态
- 稳定情绪
- 解决身体方面的具体问题

各位学员好！今天我们来学习自生放松训练法。

19世纪末期，著名脑生理学家奥斯卡·沃格特（Oskar Vogt）在柏林研究所进行了催眠研究，由此自生训练开始走入人们的视野。沃格特指导一些有经验的练习者进入一个半睡半醒的状态，从而大大缓解了疲劳、紧张以及头痛等状况。从中也可以看出，自生训练有助于人们更有效地安排自己的日常生活，当疲劳和紧张程度上升时，身体会温暖而沉重[①]。

柏林的精神病学家约翰斯·H.舒尔茨（Johannes H. Schultz）对以上研究饶有兴趣。他发现，练习者只需想象四肢沉重而温暖的感觉，就可以进入与恍惚非常类似的状态。而他们要做的就是放松，不受干扰，舒服地坐着，自然而然地把注意力集中在让四肢感到温暖而沉重的口令上。舒尔茨将沃格特的自我暗示与瑜伽技巧相结合，推出了自己的新体系。

现代版的自生训练，不仅可以借此让人获得传统催眠的康复效果，而且还可以摆脱对催眠师的依赖。熟练使用此法，任何时

[①] 当我们的肢体松弛后，肢体本身的重量自然会体现出来。这里所说的沉重感其实就是肢体肌肉完全松弛后的感觉，并非是疲劳后的酸重感。

候都可以拥有温暖感和沉重感。

舒尔茨的自生练习分为四个方面：

1. 让身体正常化的引导词

2. 稳定情绪的引导词

3. 为了解决具体问题而进行的自律修正练习

4. 拓展注意力和创造力的冥想练习

本堂课的目的是学会使用引导词去放松身体、清晰思维，解决具体问题。

让身体正常化的引导词分为六个方面，目的在于消除每个人在遭遇身体或情绪压力时所产生的趋避反应或者高度警觉。

1. 沉重感练习。这个练习可以促进随意肌（比如，胳膊和腿）放松。这里提供了七个暗示沉重感主题的引导词（请参见第一组引导词）。

2. 温暖感练习。温暖感可以让外周血管舒张。当说到"我的右手温暖"时，控制右手血管张缩的光滑肌肉便开始放松，于是，右手便流入更多的血液。

3. 心跳调控练习。引导词很简单："我的心跳平稳而有规律。"

4. 呼吸调控练习。引导词是"我的呼吸均匀顺畅"。

5. 腹部调控练习。引导词是"我的腹腔神经丛感到温暖"。

6. 额头调控练习。当我们说"我的前额冰凉"时，减少流向头部的血液。

镇定思绪的引导词与这六个主题一起使用，来加强主题效果。

主要疗效

自生训练对治疗以下状况有效：肌肉紧张、各种呼吸道障碍（换气过度和哮喘）、胃肠道紊乱（便秘、腹泻、胃炎、溃疡和痉挛）、循环系统障碍（心跳急速、心跳不规律、高血压、四肢冰冷和头痛），以及内分泌失调（甲状腺问题），对减缓广泛性焦虑、易激动和疲倦也十分有用，此外，还可以用来改变对疼痛的反应，增强对压力的抵抗力以及减少或消除睡眠障碍。

禁忌人群

5岁以下的儿童、缺乏运动能力的群体，或者有严重精神或情绪障碍的人，不建议练习。开始练习前需要进行体检，并且与医生讨论练习可能产生的后果。糖尿病、低血糖或者心脏病等严重疾病患者，需要在医生的监督下练习。有些人在练习时血压升高，而有些人则会血压下降。如果练习时血压有起伏，需要让医生确认这是不是练习导致的。如果练习期间或者练习之后感到焦虑、烦躁，或者担心有副作用，则需要在专业老师的监督下练习。

所需时间

之前有专家建议练习应该循序渐进。但是，有些人希望刚开始练习就有效果，这是不现实的。还有人需要花1~2周时间有规律地练习。对于一般的练习者来说，每天至少练习2次，每次20分钟。如果我们觉得时间太长，可以每天多练习几次，每次练习时间少点。

经过 1 个月的常规练习，我们可以熟练掌握这六个主题。到那时，用 20 分钟的时间可以练习 6 个主题，或者选其中几个主题。比如，"我的胳膊和腿感到温暖而沉重""我的心跳平稳而有规律"，以及"我的呼吸均匀顺畅"，这些口令足以让我们即时放松。可以试试哪个主题最适合我们。

具体步骤

最容易放松的练习时机

· 最大限度减少外部刺激。

· 找一个不被干扰的练习场地。

· 房间温度适中。

· 灯光调暗。

· 穿着宽松。

· 选择合适的坐姿。

1. 找一把有扶手的椅子，以便让头部、背部和四肢都有支撑，尽量让自己舒服一点。

2. 坐在凳子上，背部稍微弯曲，胳膊放在大腿上，脖子放松，双手掌心向下，随意放于两膝之间。

3. 仰卧，头稍稍抬起，双腿分开大约 20 厘米，脚趾微微向外翻，双臂自然放在身体两侧，但不要触碰到身体。

· 确保彻底放松。要特别注意那些拉伸过度的部位，比如胳膊、头部或者双腿，紧绷的四肢关节，或者弯曲的脊柱。如果感觉到拉伸过度，就需要调整姿势，直到身体感到舒服为止。

· 双眼闭合，或者坚定地盯着面前的某个点。

・重复口令之前，缓慢、深沉、放松地呼吸几次。

如何练习

学习六个基本主题有两种方法，一是录制引导词，然后每天听两次。其次，每次仅背诵和练习一组引导词，直到练习结束。一遍又一遍重复每一个引导词，语速流畅、平稳。

通常，每一个引导词重复4遍，语速要慢（大概用5秒钟时间），然后停顿大约3秒钟。以第一组的头三个引导词为例，对自己说："我的右胳膊沉重……我的右胳膊沉重……我的右胳膊沉重……我的右胳膊沉重。"这个过程大约需要半分钟，然后对自己说："我的左胳膊沉重……我的左胳膊沉重……我的左胳膊沉重……我的左胳膊沉重……"然后说："我的双臂沉重……我的双臂沉重……我的双臂沉重……我的双臂沉重……"整个过程大约4分钟。如果能记住一组引导词的话，便可以在一次20分钟的练习中重复这组引导词，或者可以在一天中练习一组或几组练习。如果提前录制引导词，请确定每个引导词之间留出半分钟停顿。

重复默诵一个引导词时，要关注引导词所提到的身体部位，只要关注就好了，不要加以判断，但依然需要对此保持警觉。这种随意态度跟主动关注是截然不同的。主动关注需要把注意力集中在我们所体验的某个方面，并对此极其投入。完成任务时主动关注很有必要，比如研制新的疗法，或修理汽车；但是被动关注则需要身心放松。

首先，我们无法一直持续被动关注，思绪游离再正常不过，只需要拉回来即可。此外，我们可能会感到体重或体温的变化、

"电流"般的刺痛感、无意间的移动、关节僵硬、隐隐作痛、焦虑、想哭、应激性头疼、反胃或者幻觉。与此同时，我们可能体会到豁然开朗或欣喜若狂的感觉。出现这种"自律释放"的初级状况很正常，但会让我们分心。无论我们是否为此感到愉快，只需注意即可，并快速把注意力转回到练习上。请记住，我们所体会到的这些是暂时的，这不是练习的目的。随着练习的深入，它们将自行消失。

打算终止一组练习时，可以对自己说："睁开眼睛，我感到清醒和警觉。"然后，睁开眼睛深呼吸，同时伸展或弯曲我们的双臂。请确定，在回归正常状态之前我们并非处于类似精神恍惚的状态。

在开始练习之前，请阅读本堂课结尾的"特别注意事项"。

让身体正常化的引导词

第一组
我的右臂沉重。
我的左臂沉重。
我的双臂沉重。
我的右腿沉重。
我的左腿沉重。
我的双腿沉重。
我的双臂和双腿沉重。

第二组
我的右臂温暖。
我的左臂温暖。
我的双臂温暖。
我的右腿温暖。
我的左腿温暖。
我的双腿温暖。
我的双臂和双腿温暖。

第三组
我的右臂沉重而温暖。
我的双臂沉重而温暖。
我的双腿沉重而温暖。
我的双臂和双腿沉重又温暖。
我的呼吸均匀顺畅。
我的心跳平稳而规律。

第四组
我的右臂沉重而温暖。
我的双臂和双腿沉重而温暖。
我的呼吸均匀顺畅。
我的心跳平稳而规律。
我的腹部感觉温暖。

第五组
我的右臂沉重而温暖。
我的双臂和双腿沉重而温暖。
我的呼吸均匀顺畅。
我的心跳平稳而规律。
我的腹部感觉温暖。
我的双臂和双腿温暖。
我的前额冰凉。

让思维镇定的引导词

以下引导词强调心理功能而非身体机能。举例如下:

我平静而放松。

我感到非常宁静。

我全身感到宁静、沉重、舒适而放松。

我情绪平静。

我不再思考周围的事物,我感到平静和安宁。

我为人内敛,我感到安逸、惬意。

平心静气,我看到和体验到自己放松、舒适和安宁。

我感到内心平静。

可以在每组引导词后增加一个或几个用于安定情绪的短句,也可以在每组引导词中间添加,以达到最佳效果。比如,第一组可以改成这样:

我的右臂沉重。

我平静而放松。

我的左臂沉重。

我平静而放松。

我的双臂沉重。

我平静而放松。

我的右腿沉重。

我平静而放松。

我的左腿沉重。

我平静而放松。

我的双腿沉重。

我平静而放松。

自律矫正练习

掌握了六个基本主题之后,我们可以通过编制舒尔茨所称的"器官专门指令",来进行自律矫正练习。比如,尴尬不好意思时,可以说"我的双脚温暖",或者"我的肩膀温暖",等等。这会让我们转移注意力,而不去想脸红的问题,从而血液从头部流向双脚。使用直接指令也是可以的,比如"我的前额冰凉"。

当某个具体部位持续疼痛或紧张时,可以使用引导词让该部位放松下来,然后关注它,把舒适、温暖的感觉投射到这个部位。反复对自己说:"我的××(紧张或疼痛部位)温暖、舒适而放松。"

如果头痛,关注肩部、颈部或者后脑勺这些最容易紧张的部位,并且把温暖放松的感觉投射到这里,反复对自己说:"我的肩部、颈部和后脑勺温暖、舒适而放松。"偶尔可以加"我的前额发冷并且舒适"这句话,切记不要使用"我的前额感到温暖"这样的引导词,避免引发血管扩张,从而导致疼痛。

当一组训练即将结束时,人比较容易放松,很容易接受暗示,这正是使用"意向指令"的最佳时刻。比如说,如果想戒烟,可以反复说:"吸烟是个坏习惯,不吸烟我也能活。"想减肥,可以反复说:"我正在控制饮食,我可以吃得更少,身体更好。"注意,指令要让人信服,简明扼要。

特殊注意事项

1. 练习6个基本主题的时候,可以从惯用的胳膊开始。如果习惯左手写字,就先练习左臂,把"我的左臂沉重"说四遍。然后,把"我的右臂沉重"也说四遍,其他部位以此类推。

2. 如果很难使用引导词去体验身体感觉,可以试着想象躺在舒适温暖的浴缸里,或者把手放在一盆热水里的感觉,又或者想象自己沐浴在温暖的阳光下,或者手里拿着一杯热饮。想象血液慢慢从指尖流向脚趾，想象躺在一块厚厚的温暖的毯子上，或者躺在沙滩上感受沙粒的温暖。回想一下微风吹过额头或者身裹毛巾的感觉。

3. 请注意，可能有少数人在练习时从来没有体会到沉重感和温暖感。没有关系，引导词只是用来使我们的身体发生功能性改变的，我们可能感觉到，也可能感觉不到。只要集中注意力正确练习，不出两周就能体验到放松的感觉。

4. 有些人在第一次练习时，比如，进行沉重感练习时，会感到身体轻盈，或者温暖感练习时，感到身体冰凉。这些都说明身体对引导词在作出反应，自己会马上放松下来。

5. 如果练习一个主题时感到不顺或者不适，可以换一个主题，把自觉难以练习的主题放最后。

6. 如果感觉不到心跳，可以仰卧时把右手放在心脏处。当感觉到心跳但感觉不适或担忧时，可以先跳过这个，练习下一个主题，然后最后再练习这个主题，或者放弃这个主题。

7. 患有溃疡、糖尿病或者任何涉及腹部器官受伤者，请跳过腹部练习。在进行前额练习时，如果头晕或轻微头疼，躺着练习即可。

综合应用技巧

The Relaxation & Stress Reduction Workbook

第十堂课

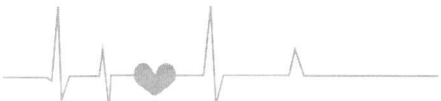

本堂课将学习如下内容：

·调整放松技术使之符合我们的特殊需求

·综合多种技巧以达到更好的效果

各位学员好！今天我们来学习综合应用技巧。

这堂课的练习方法，结合了许多不同治疗师的实践和前面学习过的内容。学习这些内容可以使我们获益匪浅：

1. 当我们把两种或更多的方法结合在一起时，效果是令人惊讶的，要远远超过单独使用一种方法。使用本堂课中的材料去实践时，我们会知道哪些方法放在一起练习效果好。

2. 两种方法综合效果好的第二个原因，是它可以使我们进入更深层次的放松中，每种方法都是以前一种方法为基础的。比如，如果在练习视觉想象法之前进行几次深呼吸，就能从一片令人为之心悦的海滩景色中体会到更深层次的放松。而如果在练习沉重感和温暖感时深呼吸，同时想象海滩的景色，也能拥有更深层的放松。

3. 第三个优势是简单易学。我们可以在喝咖啡时练习一组动作，每天只要占用几分钟，就可以拥有平静的感觉。

这里介绍的方法都仅是建议，每种方法都经过检验，也可以自由发挥自己组合。每个人都有自己的独特需求和反应模式，所以，将这些练习方法进行增减和改变，并组合起来练习是非常重要的。

主要疗效

这里所提供的方法均已被证明在治疗趋避状况和压力诱发的生理障碍的过程中卓有疗效。当在工作中面临重重压力，需要在一天内进行简短而频繁的激励练习,以缓解逐渐积累的紧张状态时,这些方法都非常有用。

所需时间

如果前几堂课介绍的方法我们都掌握了,就可以开始练习几种方法组合在一起了。要将这些练习方法熟练地结合使用,需要练习 1~2 周时间。

具体步骤

1. 伸展和放松

A. 伸懒腰。坐在椅子上,双臂绷紧向后伸举,以便胸部和肩膀得到拉伸,同时将脚头朝膝盖方向翘起,然后恢复原样,以此伸展和绷紧我们的双腿。

B. 一只手放在腹部(腰际上方,系安全带最舒服的部位)。缓慢而深沉地吸气,使气息由鼻子进入腹部,放在腹部的手会随之往外移动,尽可能让自己舒服一点。反复做四次。

C. 手持一支铅笔,笔尖悬于桌上或者地上。同时对自己说,进入深度放松状态时,铅笔会坠落。铅笔坠落,意味着我们即将进入 5 分钟的昏睡状态,这个过程极具疗效(也可以不用铅笔,从此处开始练习步骤 C)。闭上双眼,默诵对自己最有帮助的自我催眠关键词。从 10 倒数到 0,并暗示自己会慢慢放松。之后重复四组短语:"我的思绪越来越游离,越来越游离……我越来越困倦,越来越平静……我的思绪游离而困倦,困倦而游离……游离、向下,向下,向下进入完全放松状态。"四组短语的顺序可以互换。如果这时笔还没有坠落，不用太在意，提醒自己：我将享受5分钟的自我催眠状态。

D. 感到困倦时，可以进入自己的专属空间，享受其独特的放松氛围，真正去体验它的环境、声音和感觉。如果觉得在这里待得时间太长了，可以从1数到10，同时暗示自己：我变得越来越警觉、精神焕发和格外清醒。

2. 腹式呼吸和想象

这个练习将完全自然呼吸的好处和积极自我暗示的治疗价值结合了起来。

A. 平躺在地毯或者毛毯上，呈"摊尸"状。

B. 双手轻轻地放在腹腔神经丛，也就是肚脐以上、胸部以下部位，练习几分钟完全自然深呼吸。

C. 想象能量随着每一次的吸气进入肺部，然后快速储存在腹腔神经丛内。想象每次呼气时，这股能量流入身体的各个部位，在大脑中形成这个画面。

D. 坚持每天练习至少5~10分钟。

3. 自律呼吸

A. 按照步骤1的B项的描述，慢慢地做深沉的腹式呼吸。随着每次呼吸，横膈膜扩张，我们会感觉到越来越放松。

B. 想象自己此刻正在沙滩上，波浪裹挟着沙粒，海鸥在头顶盘旋，白云朵朵。波浪袭来阵阵声响，之后归于平静。此起彼伏，反复交替。能听见海鸥的叫声，感受到沙子的滚烫，想象着全身铺满沙子，温暖而沉重。可以真实地去感受一下胳膊和腿上沙粒的重量，体会温暖和舒服的感觉。

C.继续与沙子有关的想象，继续深呼吸，令自己感觉舒服自在。注意呼吸的节奏，吸气时对自己说"温暖"，并试着体会被沙子裹挟的温暖感。呼气时，对自己说"沉重"，并体会沙粒的沉重感。持续深呼吸，吸气时想着"温暖"，呼气时想着"沉重"，至少持续练习5分钟（如果练习多次后，觉得浅呼吸更让自己舒服，可以改为浅呼吸）。

4.心存感恩

一天结束后我们可能筋疲力尽，压力感和挫折感加剧，这正是进行练习的好时机。同样，困倦打算睡觉时，也是放松自己、使大脑愉悦的绝佳时机。

A.运用第四堂课中渐进式肌肉放松的简易形式：（1）握起拳头，肱二头肌拉紧；（2）前额和脸皱得像个核桃；（3）弓起后背，深呼吸；（4）双脚往后拉伸，脚趾向上勾起，小腿、大腿和臀部绷紧。

B.回想过去的一天，选择三件让自己心怀感激之事。不一定是重大事件。比如，今天早晨冲了个热水澡，或者同事帮忙完成了一个有难度的项目，或者孩子给了我们一个抱抱，并且告诉我们他爱我们，再或者看了一次美丽的日出，等等，这些都可能让我们心存感激。花点时间重温并享受过去的这些时刻。

C.继续回想过去的一天。找出三件让我们感觉良好的事情。请记住，不一定得是什么大事。比如，拒绝了一件我们确实不想做的事，感觉爽极了，花时间进行练习或放松，或者支持一下自己喜欢的人。花一点时间重温那些令人高兴的时刻。

5. 深度肯定

A. 一只手放在腹部，开始缓慢而深沉地腹式呼吸。

B. 闭上双眼，继续深呼吸，同时从下往上检查全身有无紧张感。看看小腿、大腿和臀部、背部、腹部或胸部肌肉、肩部、颈部、下巴、脸颊和前额、二头肌、前臂和双手是否有紧张感。如果发现紧张部位，可以稍微夸大一下紧张感，这样身体就会更加警觉。并且对自己说："我正在绷紧××部位，我正在伤害自己……我正在制造身体的紧张感……此刻我将释放紧张感。"

C. 运用步骤 1 的 C 项中描述的自我催眠练习。

D. 当困倦时，选择一个肯定句。以下列出的肯定句摘自帕特里克·范宁的著作《用于改变的视觉想象法》。

我可以任意放松。

紧张感正从肌肉中消失。

我内心充满了平静、安宁与安详的感觉。

我可以缓解肌肉的紧张感，就像把收音机音量关小。

放松感涌入我的身体，犹如极具疗愈效果的金光。

我能和宁静的内心产生连接。

我可以向内找到宁静。

我能自主地掌控放松。

E. 足够放松后，从 1 数到 10，同时暗示自己：我感到精力越来越充沛，越来越警觉和清醒。

6. 消除紧张的方法

A. 如第 1 项 B 步骤中所述，做 4 次深沉的腹式呼吸。

B. 闭上双眼。想象紧张的感觉，并赋予其颜色和形状。现在，改变它的颜色和形状，让它颜色变深或变浅，形状变得更大或更小。看着它离我们越来越远，变得越来越小，直到我们感觉不到它的存在。

C. 现在，想象全身布满了光。红光代表紧张部位，蓝光代表放松部位。想象红光全部变为蓝光，此刻身体有什么感觉？把身体上的光都看作蓝光，随着蓝光的颜色越变越深，我们会感觉到身体越来越放松。

D. 现在该休个小长假了。有两条旅行线路，选择其中一条，或者将其作为参照，去打造自己的假期之旅。

假期 1：想象自己在森林中漫步。有些地方比较亮堂，而有些地方则比较晦暗。我们开心地走了很久，只觉身心愉悦。阳光普照大地，真是好啊。赤脚而行，会感觉到地上的落叶和青苔的柔软和清凉，听到鸟鸣声和风吹过树林的声音，所有的一切都让人快乐而舒服。肌肉越来越松弛，也越来越沉重。整个森林布满了落叶和青苔，这让我们感到无比惬意，好想躺下来睡一觉。现在，我们来到了小溪边，溪水潺潺，还有一片柔软的草地，阳光明媚。这是适合休息的地方。可以在草地上打几个滚，可以听到潺潺的溪流声、鸟儿的歌声和风吹来的沙沙声。全身感觉轻松，全身上下既松弛又沉重。

假期 2：想象此刻我们正躺在海景房里，被窝温暖柔软，清晨的第一缕阳光映在墙面上。深呼吸，感觉神清气爽。远处传来海鸥的叫声和海浪的拍打声，这一切让我们感到既放松又想睡觉。空气凉爽且带着咸味，我们翻了个身，看着窗外的沙粒、海浪和蓝天，深呼吸，我们感到越来越放松，拥有前所未有的安全感、自由感、从容感，对未来充满期待。

7. 进行控制

A. 舒适地闭上双眼，注意呼吸，试着把注意力只放在呼吸这件事上，呼气时对自己说"一"。

B. 彻底放松后，把注意力从呼吸转向应激情境。看见自己自信而成功地应对压力，看见自己说或做一些事情直到成功，看见自己带着微笑站着或者坐得笔直。看见自己有些犹豫，又或者犯了一个小错误，犹豫片刻后，我们继续前行，自信地完成了工作。我们对自己很满意："我会处理好一切，一切都在我的掌控之中。"

8. 接纳自己

A. 使用全身扫描法弄清楚身体的感觉及其原因。

B. 如步骤1的B项中所述，运用腹式呼吸，释放紧张感。

C. 当感觉放松时，暗示自己："我应该释放'必须'……我接受我所有的瑕疵……我呼吸，我感受，我尽量做到最好。"可以把引导词修改得更真实可信，只要我们能接受。也可以回顾其他课堂里介绍的方法，并考虑将其运用到练习中：

- 第三堂课的"给呼吸计数"
- 第七堂课的"线索控制式放松法"
- 第六堂课的"创造专属空间"

聚焦疗法

The Relaxation & Stress Reduction Workbook

第十一堂课

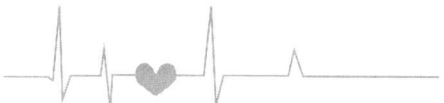

本堂课将学习如下内容：
- 聆听我们的身体和感情
- 增强自我觉察和自我接受能力
- 使用身体的智慧让生活发生积极改变

各位学员好！今天我们来学习聚焦疗法。

尽管所有感官都在不停地接受信息，但是身体对外部刺激时的反应经常被意识所忽视。例如，我们在练习中也许会注意到，当我们从一天的压力中脱离和向内关注时，更能觉察此时身体的感觉和自己的情感。神清气爽时我们会满怀感激，但是抑郁憋闷时我们会想办法让自己感觉好一些。当感觉与身体相对协调时，即使是细微的紧张征兆我们也可以迅速反应，并做出理智选择，以防突然头疼或者焦虑这些突发状况的侵袭。

聆听身体的另一种方法就是聚焦疗法，这可帮我们把压力重重的生活变得知足常乐，更全面地理解情境和关系，明白我们在其中的需求，以及如何做出必要的改变。我们将开始情绪治愈之旅，治愈那些至今对自己仍然影响巨大的情绪伤害。我们将对自己更加温和且友好，更能包容自己与他人。

我们是否记得我们伤心时的紧张、忐忑和重压感？这些都是有意义的身体感觉，在聚焦疗法中，我们称之为体会（Felt Senses）。因为这些感觉通常让人感觉不适，人们都希望尽快摆脱。但是，当我们无视它们擦身而过时，便会失去学习和提升觉察力的机会。

聚焦是一次寻找体会之旅，它将告诉我们体会对情绪的反应类型，对此时发生的我们是什么态度，以及如何能让自己感觉好一点。20世纪60年代，芝加哥大学的哲学家兼心理学家尤金·根德林（Eugene Gendlin）发现了聚焦疗法，并对此展开研究。经过研究之后，他发现心理疗法对有些人是管用的，而对另外一些人则毫无疗效。

根德林注意到，从心理治疗当中受益的人大多经历过某种"体会"（他自己发明的术语）。换句话说，那些从疗程中受益的人，一般都能找到合适词语表达出身体的感觉。相比之下，那些觉得疗程不起作用的人，实际上一直在脑海里纠结着问题，不停地解释和分析，而不是在身体中感觉那些难以说清楚的问题。

由此，根德林得出结论：我们是否具有即时地感受和探讨体会的能力是发生积极转变的关键，他把这种能力和另一种与生俱来的、一旦脱离内心的智慧便会令我们感知不到的能力——称之为生命前进过程（life-forward process）的能力——联系起来，并想出一些方法用来治疗病患，后来又将其推广，这就是"聚焦疗法"。

使用场景

聚焦疗法有助于我们更加清晰明确地认识自己的感受和欲望。这种疗法有助于快速决断、戒除上瘾嗜好、启迪创造力，还可以有效地处理沮丧、拖延、自我批评、自尊心低、多愁善感和感情麻木等问题。在应对压力方面，聚焦疗法已被证明是切实可行的。

所需时间

每天练习半小时,学习基本要领,1个月后我们便能体会到这个练习的好处。

具体步骤

精神构想的力量

精神构想是一种可以随时使用的方法,借此可以满怀同情心倾听自己的感情和体会。这是聚焦疗法的一项主要能力。在下面的头两个练习中,我们需要运用生活中的事例,记下体验存在的次数。第三个则是练习对感情提供存在的能力。

练习1　树林边害羞的动物

◎ 想象在明媚的天气散步,心情舒畅。
◎ 途经一小片茂密的树林,会看见一只害羞的动物正在树丛里偷看你。它并未对谁构成威胁,它只是害羞。它也许是一头鹿或者一只兔子,把它想象什么样的动物都可以。
◎ 静静地站一会儿,希望它不要逃走,希望这个神奇的瞬间再持续一会儿。
◎ 要怎样表现才不至于把它吓走呢?
大多数人会这样回答:站着不动、耐心、热情、移情、爱、接纳、不评判、让它爱怎样就怎样。令人惊讶的是,任何人都知道如何去表现,在聚焦疗法中这些就是构想的优质品质,至关重要。

练习2　当别人聆听自己的时候

◎ 花几分钟回想这样一个时刻：告诉别人一件对自己而言特别有意义的事，也感觉对方确实在用心听自己诉说。这个人可能是家庭成员，也可能是好友，或者心理咨询师。
◎ 那么，自己为什么会感觉他（或她）确实在聆听呢？从他身上你感受到什么品质？（也许你会发现与前面练习中相同的品质）
◎ 被人聆听带给自己什么样的感受？

对方在全神贯注地听自己说吗？如果想要表达自己的想法，他是否能给自己所需要的空间、安全感和鼓励？他是否认可自己所倾诉的一切？记得被人真正倾听的感觉吗？也许由此自己弄清了一件事，长了见识，对自己或者对一些问题有了更深的理解。对人大声说出心底的话，而且对方也听进去了，可能会如释重负或者有某种成就感。

优秀的倾听者通常友好、兴趣盎然、有耐心、充满好奇心、开放、尊重人、易接纳、值得信任、信任别人、热情、移情并富有同情心。我们的倾听者是这样的人吗？他是如何表现这些品质的？以后自己还会对他打开心扉吗？

练习3　我们自己在场

◎ 马上花点时间注意一下身体的感觉，尤其注意喉咙、胸部和胃部（虽然这需要唤醒身体）。对自己说："我此时感觉怎么样？"
◎ 如果发现有异常的感觉，就稍稍停顿一下。
◎ 对自己的感觉说："是的，我知道你就在那里。"这是我们对自己感觉的认可。

在这个练习里，我们能够只去体会自己的感情和感觉而不想让它们变得独特吗？我们能够避免被挑剔、分析、被拒绝吗？我们刚才表现出了优秀倾听者的哪种品质？

练习时，不要去改变自己的感情，而应该让其保持自然状态。只要感情和存在如影随形，感情自然会发生变化。不需要刻意为之。在内在自我在场时，成为一个优秀倾听者将会使我们的内在关系安全而富有信任感，由此我们的内在自我被聆听、信任和接纳，这就是聚焦疗法的精髓。

练习聚焦疗法

每个阶段使用的方法是不同的，也可以在互联网上查到若干方法。

下面是聚焦疗法的各阶段概要。

1. 选择一个问题。

2. 将注意力集中到身体内部。

3. 慢慢将自己的体会和感觉引入。

4. 等待体会形成：感受自己的问题令身体产生了什么感觉。

5. 逐渐了解我们的体会，用语言和图像描述它。

6. 感受体会，描述体会，寻找与即时体会相吻合的描述。

7. 停留在这个描述上，持续感受这个体会。

8. 对体会持开放而好奇的态度，从感觉本身去感受它引起怎样的情绪。

9. 如果体会愿意告诉我们更多的感觉，应该温和地予以提示，让它展示自己。

10. 接受所有感觉。

11. 对我们的身体轻轻说一声"谢谢"，然后结束练习。

基本导则

准备工作

1. 每天在一个安静的地方练习30分钟，但如果只有10分钟的练习时间也没有关系。什么时候结束，也要清楚地知道。我们可能想用一个计时器，这样才能控制练习的时间。我们还应该注意到，有时候身体将会告诉自己可能会结束练习。

2. 练习的时候，可以随身带笔记本。如果觉得有用，也可以只记几个字，以便保持思想警醒和专注。

3. 舒适的坐姿才能让我们保持警醒，可以随时变换坐姿。确保所穿衣物宽松合体、舒适、厚薄适中。

4. 刚开始可以在安静的地方练习，之后可以随时随地练习。

5. 我们可以就某个问题进行练习，也可以对身体产生的问题持开放态度。在开始练习之前，花点时间考虑下这个问题是最好不过的了（以后我们将发现询问具体问题的方法）。

把注意力集中到身体内部

首先需要做几次深呼吸，闭不闭眼都可以，不用特意看着什么。慢慢地把注意力放到双臂和双手……双腿和双脚……引向我们坐在椅子上休息的感觉。把注意力完全放在身体的支撑物上。

现在，让感觉进入身体的中间部位：喉咙……胸腔……胃部……腹部。对于难以感觉的部位，可以稍稍活动一下，或者拉紧然后再放松这个部位，同时注意它的感觉。

体验身体的感觉需要保持完全警醒状态。如果思绪漂移，可以睁开眼伸伸胳膊和腿。然后，让意识返回身体。多练习几次，意识就比较容易进入身体了。

温和地邀请某种体会

1. 当我们把注意力浅浅地停留在喉部、胸部、胃部和腹部时，就是在邀请某种体会。

2. 如果想表达一个具体的问题，可以这样提问："当我想到

_____，会有什么体会进入了我的身体？"例如："当我想到我与斯蒂夫之间的矛盾，会有哪些体会进入我的身体？"

3. 如果不想把注意力集中在某个问题上，可以告诉身体，我们准备倾听所有体会。可以坦诚地发出邀请："我需要察觉什么问题？"然后把注意力集中在身体内在的部位，静静等待。

等待体会形成

不要去思考某个问题，而是等待体会的形成。前者只会出现更多已知的信息，而后者才能为我们提供整个问题或者场景的感觉。起初，这种感觉可能有些模糊，之后会变得清晰一些，用语言很难描述，但是如果我们感知得到却说不出来，体会就已经形成了！欢迎涌向自己的所有感觉、感情、记忆、思维和图像。给自己一点时间。例如："当我思考和斯蒂夫的整件事，我觉得胸口有什么东西堵着……很沉重……像秤砣或其他什么东西。"

认识体会：描述一下

最开始接触一个体会的时候，就像问候某人那样跟它打个招呼。比如我们可以说"你好"，或者"是的，我知道你在那里"。当自己承认它时，请注意它的反应：是缓和了还是增强了，或者是其他什么感觉？例如："当我问候自己的胸闷感时，就没那么闷了。"

暂时抛开对某个问题的看法、假设和任何固有的成见，让自己的感觉首次出场，仿佛这种感觉从来没有出现过。

现在，从即时的体会出发，用语言、意象、手势，甚至声音描述一下它的感觉——这就是一个优秀聆听者所要具有的特质。

体会与体会描述之间的共鸣

1. 每当关于某种体会的描述浮现在脑海里时，应该确认一下体会与描述是否吻合。例如，我们感到"胃里有东西"，就耐心地"陪伴"这种感觉，很快我们会感到这个"胃里的东西"有点儿"疲惫了"。然后可以跟自己的胃再三确认：用"疲惫"这个词来描述你的体会合适吗？如果不合适就放弃，然后对自己的体会说："'疲惫'这个词不对，那么哪个词才能精确描述呢？"这时我们想到"精疲力竭"这个词，感觉这样描述应该是对的，于是就再次去核对。我们也许会问体会："'疲惫'对吗？"也许我们得到的答案是"疲惫"似对非对，于是我们问体会："那么，还有其他什么感觉吗？"使用一个个新词去不停地核实自己的体会，直到找到一个正确的词，例如："筋疲力尽，感觉身体被掏空。"

2. 当我们的描述抓住了体会的本质时，当意象、声音、手势、单词或短语完全吻合时，我们是能感觉到的。因为那时我们的内心能感觉到正确感，一种内在的满意感："是的，就是那种感觉。"

3. 如果体会发生了改变，让意识随着改变就行。再次寻找一个新词，描述此时此地的体会，一旦描述和体会吻合，就静静地停留在那里认真体会。

整个过程自己的精神构想始终与体会相伴

与刚开始结识一个人一样，对自己的体会说声"你好"，并加以满意的描述。之后，为了更好地增进了解，我们坐下来跟它交谈，想象此时旁边坐着内心的"什么东西"。最好找到从容不迫、放松的感觉，时刻与体会相伴，我们便是世界上最快乐的人了。

对体会保持开放和好奇的态度，从它的角度出发，去感觉它的情绪如何

不断感受体会。让这种体会去催发自己的好奇心，然后开始感受它的情绪。这是体会本身的情绪,并非我们的感觉。例如,也许这种体会让我们感到不舒服,但是它本身则是令人恐惧的。如果我们觉得胸口闷的话,我们也许会问体会:"这种沉重感是什么性质的情感?"我们甚至可以猜测:"是充满忧伤的沉重感吗?""还是充满疲劳的沉重感?"此时,我们正在从它的角度去感知它的感觉。我们甚至可以问一问自己的体会:"你觉得这会是什么样的感受?"

对我们的体会提出温和的提示,帮助它展示自己

1. 如果感到体会愿意告诉自己更多的感觉,可以温和地提醒它,比如不经意地问一问,或者邀请它讲一讲。每次问了一个问题之后,要等待身体的自动答复,并注意观察此刻身体的整体感觉。

2. 跳过"原因类"的问题。这类问题,需要用脑力解释和说明,我们会从身体感觉进入理性思维。不要问"为什么",而要考虑"是什么"。记住,学会新知识之后,才能听见体会所告诉我们的信息。

3. 下面是关于"是什么"的问题,这将有助于体会向我们打开心扉。设法感受一下自己的体会愿意回答哪些问题。

最糟糕或者最好的结果是什么?

是什么引起了这种感觉?

什么意象捕捉到了这种感觉?

体会想告诉我什么?

它不希望什么事情发生?

它希望什么事情发生?

如果曾经一切顺利，那是什么感觉呢？

是什么妨碍了事情的推进？需要问的问题是什么？

4.问完一个问题后，耐心地等待身体的答复。我们也可以试着提供几种猜测，同时倾听身体的答复。例如，面对"它不希望什么事情发生"这个问题，我们也许想问它是不是不想让我们受到伤害或者被批评，然后去感觉它对此会如何回应。

5.并不是所有的体会都令人不快或者不适。当我们把注意力集中在积极的体会上时，我们也许想问它是否想向自己展示什么或者给予自己什么。询问生活更多时候需要什么，也是有用处的。

接受我们已经产生的所有感觉

也许我们在练习时将会有一种全新的觉察，并且体会到身体内发生了变化。也许我们会感觉到身体慢慢在打开，或者有种释然的感觉。这种感觉要么很明显，要么很细微，但总的来说让人感觉还不错。这种新的觉察也许仅仅使我们更加明确或肯定什么，或者就是补全了智力测试最重要的那一环，或者是一种"豁然开朗的体验"，或者是下一步的暗示。总之，它超越我们智力范围内所"知道"的东西。

无论有何种令人愉悦的经历，都让它充满我们身体的每个器官，让它驻扎在那里。尽管身体内的变化很细微，我们仍然需要慢慢感受、接纳和感激。

结束练习

1.每次练习完10分钟就给自己留出1分钟时间，这虽然是经验之谈，但很有用。此时，应该询问自己的感觉，几分钟内结束练习觉得合适，或者还有其他尚未明确的问题。偶尔，我们发现一些重要信息，或者我们会感到该做的都已经做了。

2. 通常情况下，随着时间的变化，会发生一些小的变化，即便数次练习也解决不了一个问题。请记住，每次练习都是培养我们与内在自我的关系的好机会，并为下一次练习做准备。

3. 感谢身体和体会与自己相伴。即使没有新的发现，也要让内在的自我知道我们对它的感激之情。

4. 让身体知道，我们将会继续这样"交流"，尤其是我们可能还有一些问题没有完全解决。

5. 结束时请重温发生过的一切，也可以记录在日记里。如果要记录，至少要用一个短句或者画一幅画来总结或描述，这样当我们想继续练习的时候，就知道上次练习到哪里了。如果我们收获了重要的感觉，或者发现了身体里令人警惕的、特别的变化，我们或许会试着记下身体的感觉，然后描述发生的过程，特别是之前的感觉。

6. 我们也许还想发挥一下创意，比如，把自己的感觉画出来或者做个雕塑，或者把自己的经历告诉一位好友。

7. 此时，我们也许觉得练习已经结束了，或者随着练习的展开，这也许是逐渐剥开多层意义的第一层。

清场

当我们琐事缠身却又想开始练习时，就可以使用"清场"这个步骤。可以列出问题的详细清单，然后找到"一切没有问题"的感觉，也就是身体知道如何去感觉。下面是详细步骤：

- 一旦身体内有了意识，便询问："身体里感觉怎样？"接着停顿片刻，感受身体的答案。

・然后询问："现在是什么在阻碍我'感觉很好'？"脑海里不要思索回答，给身体点时间让它去组织答案。对一切敞开心扉："与斯蒂夫的问题……肮脏的房间……账单……孤独感……利奥去世的悲痛……吵闹的邻里……职场晋升……"

・当每个问题不请自来时，都要有所知觉，就像路上偶遇熟人打声招呼、点头示意那样，然后就要将之放到一边。我们也许想把它放在一个合适的距离，比如书桌或者架子上，也可以自愿选择在某个时间依次集中关注这些问题。注意力重新回到身体上来，重复询问过程："还有什么令我'感觉不好'吗？"直到一切恢复。

・最后问："今天最需要解决什么问题？"不要急着作决定，而应该聆听身体的感受。也可以问："哪个问题是最需要我立即去关注的？"

有时候，尽管问题清单很长，好像花再多的时间也解决不了！不要担心。处理完一个问题，就能改变所有感觉，每件事都是关联的。

当我们无法找到自己的体会时

谨记这一点：体会可以是我们能感觉到的任何一种感受，好与不好都无关紧要，我们应抛开疑虑，敞开心扉面对所有的感觉，甚至那些细微的感觉。例如，注意胃部与胸部的不同感觉，即使很难描述其中的区别，我们也能注意到。花一点时间去感受不同，注意一下此时脑海中是否蹦出一个词、一句短语或者闪过一个图像。这些词或者短语可以描述一个或者两个部位的感觉，或者它们之间的差异。

比如，我们可能发现，胃比胸更放松，然后我们会注意到胸部周围很紧张。如果感觉到了什么，可以确认一下："是的，我知道我们在那儿。"当我们一直和这种感觉同在时，可以试试不同的语言或者语言组合，譬如说"感觉胃紧张""觉得胃冷……就随它去吧"，或者"有种温暖的感觉……有希望好起来了"。即使暂时找不到准确的词，至少可以关注内在的自我，与其建立起一种联系。这就是练习的要点。

聚焦疗法与接触我们的感觉不同。如果感觉不到快乐，可以花点时间去感觉身体里哪个部位不快乐，这样便会有释然的感觉："哦，原来是心里不快活啊，还以为全身都不快乐呢！"

聚焦疗法与感觉相伴，而不是陷入感觉之中。当我们与感觉同在并与它们交流时，可以感激它们成为我们的一部分，它们将告诉我们一些重要的事情。当我们陷入感觉之中时，它们会包围我们，甚至可能击垮我们。

寻找合适的词描述体会时，也许找不到内在感觉了，这时只需要缓缓地把意识拉回体会即可。体会是和以前相同还是发生改变了？如果一样，请重复最后的描述。如果不同，到底哪里不同呢？此时，需要在日记本上写下自己的描述，这样当我们感到困惑时，便可以参考自己的记录。

即使体会相同，也需要定期检查起初的描述是否与体会相吻合。这样做是比较明智的。如果体会发现改变，要寻找新描述。

当我们获得某个意象时，请注意该意象是在身体之中，还是浮于表面。什么叫意象在身体之中？如："一块干冰堵在我的胃里""剑刺穿了我的心脏"，以及"我的胸膛里有一片连绵的青山"。

还有一些视觉意象，比如："我看见海上起了风暴""我看见有个孩子抱着泰迪熊"，以及"我看见了丈夫的黄铜雕像"。这些感觉都是把身体感觉到的意象作为体会看待，以视觉意象展示体会，询问它对该意象有何感觉。当意象改变时，询问身体的感觉，由此就可以和自己的身体同在。

如果难以聆听体会，请将注意力转向自己正在产生反应的部位，这叫作"与感情有关的感情（the feeling about feeling）"。比如，我们也许被恐惧感情困扰，对感情困惑失去耐心，或者对有风险的感情焦虑。这些"与感情有关的感情"会变成新的体会，对此要有所知觉，但不要刻意纠结探索，花些时间去了解它，一旦确认它真实的含义，由此我们将回到初始体会，或者它将成为我们的练习重点。

关于特殊难题的建议

强烈的感觉。当它们逼近我们的时候，表示它们有重要的事情要告诉我们。想象我们和强烈感坐在一起，非常愿意听它述说。记得向它问好，此刻自己与它相伴同在的感觉极为重要。我们和我们的感觉是两码事，如果我们想说"我很伤心"，可以试着说"我现在感觉到我的内心是悲伤的"。有时候，也可以把一只温柔的手放在感觉强烈的部位，那就好像我们的手在与之交谈："是的，我们时刻相伴。"

习惯。如果想改变某个习惯，可以把意识带入身体里，试着获得维持旧有习惯的体会。比如，也许我们想吃垃圾食品、抽烟、看电视或者玩一晚上游戏，仔细倾听这个部位，也许我们听不见它的感觉，因为我们就想斥责它（"抽烟会让我送命"），或者找个抽烟的借口（"我工作这么辛苦，只有抽烟才能让我感到快乐"）。从它的角度，体会身体拥有某种嗜好的原因。

做决定。如果需要在两个或者更多的选项之间做出决定，首先要做个调查衡量优劣。每次决定一个选择，都要细心体会它在身体里的感觉，问问自己"如果搬到一个更大的房子里，我的身体会有什么样的感觉？"之类的问题。只要准确找到体会，便能带着这个体会练习。

生理征兆。想知道某个生理状况的内在含义，首先要把意识聚集到身体中央，然后再指引状况的位置，并对它说"我们好"，然后花点时间去感受此处的感觉，并确认它的正确描述。最后做完剩下的练习。感受情感是特别有意思的。

感觉受挫。当我们想要有所作为，却因为担心受挫而不敢放手去干的时候，可以将注意力收回身体之中，去感受不想行动的那个部位的体会，要带着同理心去聆听。这个部位以前从来没有发出过声音，我们可能会对听到的内容感觉惊讶。

人际交往问题。如果出现人际交往问题，可以将注意力集中到身体中央，要求身体为我们提供与这个问题有关的感觉，一旦找到准确的感觉描述，便可以在之后的练习中去了解这个感觉。

内在批评。当内在批评挡住我们的去路时，可以转而问候它，假设它正在为什么事情担忧。因为它就像担心我们的父母，此时正在保护我们，当它能感受到我们在聆听它的声音，它就会变得不那么挑剔。

特殊注意事项

还有些特殊事项需要大家在练习的过程中注意。

1. 问问体会它的希望，这样可以更好地了解它。如果不愿意，也不必勉强。只要知道它的希望就足够了。但是，假如我们不想积极行动，可聚焦法却不停地暗示我们，只有积极的行为才是正确的，那么无论在练习中还是生活中，我们都有可能受挫。我们所采取的措施也许只是个小行动，而不是什么大行动，但这个小行动是最有可能实施的积极行动。

2. 如果我们的体会不太配合自己，不妨先退一步，确认自己确实在场，在身体感到可以对自己完全敞开心扉之前，先与之建立起信赖关系，这一点至关重要。假如我们不在场，但是认同发生改变的那个部位，在信任和安全开始回归之前，主动问候它。

3. 虽然可以单独练习，但还是与伙伴一起练习比较好。当一个人大声说出自己的问题时，另一个人负责聆听，协助对方练习，之后互换练习。而参加培训班或研讨会练习的效果会更好。

真实的案例

露易丝已经退休，一开始她没有倾听自己的习惯，也没有意识到身体才是深度交流的基础。但是因为看到女儿练习聚焦疗法很受益，她决定在 70 岁来临之前试一试。起初，她单独辟出一个房间练习，把自己反锁在卧室里，身边放着一本笔记本和一支钢笔。她把定时器设定为30分钟，然后合上双眼深呼吸，将注意力转入身体内部。可是，她总是不断地想起别的事。

最后，她的思绪慢慢镇定下来，也察觉到了身体的感觉。她感觉到自己的胳膊和双手……双腿和双脚……感觉到身体与椅子的接触。呼吸变得更加深沉，她感受到进入身体的自在感。然后，检查全身，去感受全身的感觉。胸部感到紧张……喉咙也感到紧张……肩膀疼痛……胃不舒服……她逐一问候了这些部位。然后，她静静等待。

她觉得喉咙变得非常紧张，想到"人生苦短，然后我们将死去……"，她哭了起来。想到还有很多事没来得及去做，她哭得更凶了。然后，她想起在练习过程中她曾是自己内心感受的在场倾听者，她把一只手放在喉咙上，对眼泪说："是的，我知道你在那儿。"

露易丝对自己说："一生中有这么多想做却还没来得及去做的事……你在我身体里感觉好吗？"她感觉到喉咙发热紧绷，感激地对它说："你好。我知道你在那儿。"说完这句话，她马上觉得喉咙轻松了一点儿。

她开始寻找对喉咙感觉的描述。她想到一个词或者图像，便与喉咙的体会对比："紧张和灼热……对吗？"她倾听着……"这是部分感觉……还有难过？"她等待着……"有点儿难过……还要更严重些……岂止难过，简直是抓狂。"这种感觉就对了，她说："紧张、灼热、难过，还有愤怒。"当露易丝意识到，与其说她对想做而未做的事感到难过，还不如说是感到愤怒。当她意识到这一点时，她觉得喉咙放松了，与此同时，身体的其他部位也放松了。带着这种洞察和感觉，让它们进入身体里。

感觉进一步深入。她问喉咙中的体会："如果我错过一些事，最坏的结果是什么？"一会儿她的大脑涌入了一个图像：和先生以及几个朋友在船上享用晚餐，她一言不发，先生和朋友们正在争论着什么。她把这个图像带入喉咙里的体会，马上就感觉身不由己。她将之与自己的体会比对，发现这种感觉完全正确。于是，她带着这样的体会一直静坐着，直到"被扣押的人质"这个短语出现在头脑中，她感到这短语和自己体会是完全吻合的。一旦意识到这一点，她的喉咙便觉得温暖、开放和放松了，不再紧张和灼热了。

之后，露易丝沉浸在身体的变化里。计时器快要响了，她询问自己的体会还有什么事可以告诉她，答案是什么。她感谢自己的体会和身体的陪伴，她许诺第二天再来关注这个问题。她在日记本上写下了"被扣押的人质"和"岂止难过，简直是抓狂"。

第二天的练习稍微容易了一些。尽管她觉得喉咙基本是放松的，但她还是将注意力集中在喉咙里的体会上。她想起记在日记本上的话，便问："这是被扣押的人质的感觉，是吗？"她感觉到似乎还有什么感觉。她再次问道："还有什么感觉吗？"过了一会儿她发现有种内疚感，她将之与喉咙里的体会对比："我觉得有被扣押的人质的感觉，还有种内疚感？"她感觉不对，于是放弃了"内疚"，继续等待。

之后，她发现"被扣押的人质的感觉"也是错的。她把这种感觉与体会对比，她发现自己快接近正确答案了。她专心倾听自己的体会，她听到了一句话"我有求必应"。她询问自己的体会：

"我不是被扣押的人质,我是有求必应,对不对?"这种感觉和体会是完全吻合的。她感觉十分惬意,然后沉浸其中。

到这里她本可以结束了,因为对于她来说这是个重要突破,但是她依然想知道,关于有求必应这个习惯,她是否还能做些什么。于是,她便询问自己的体会:"它希望发生什么事情?"她等待着回应。然后,她想起前一天在她的脑海出现的那对吵架的夫妇,对方曾邀请她与丈夫一起出航。她尽力返回自己的喉咙,但是怎么也去除不了这个念头,她感到喉咙紧张和灼热,十分想去除这个念头,便大声说:"不!"

最后,她发现对这对夫妇说"不"正是体会希望的。马上她有了一种释放感和自由感,这是她以前从来没体会到的。她让这种感觉保持了一段时间。练习结束后,她感谢自己的体会和身体与自己同在,承诺第二天继续练习。她记下自己的体验和洞察,然后打算告诉丈夫,自己要拒绝那对夫妇的邀请。

随着练习的继续,她变得敢于冒险,可以设定与人交往的新界限。当她想到这一切是多么简单时,她笑了起来。当她表达自己的想法或者拒绝不想做的事情时,她发现没有什么不好。例如,当她不想做孙辈的"应急保姆"时,女儿也能够完全理解。她做了几次练习,去发现自己想做的事情。她开始向朋友们建议去哪家餐馆举行午餐聚会,她装修了闲置的卧室来做练习和进行其他活动,她计划和丈夫一起到她想去的地方旅行。

本堂课小结

大家可以从上面这个故事看出,聚焦疗法可以帮我们即时处理于我们而言很重要的事情。压力巨大时，它可以帮助我们与存在于我们和良好感觉之间的障碍产生连接，而且可以引导性地指出如何应对压力。借助练习，可以更好地理解、解决或者减少我们的问题。如果需要采取进一步行动，也会有更加明确的措施。当我们很好地倾听了内在自我，我们可能会感觉更好，即使一次练习无法产生任何见解，但是我们给予了自己尊敬与接纳。

驳斥非理性观念

The Relaxation & Stress Reduction Workbook

第十二堂课

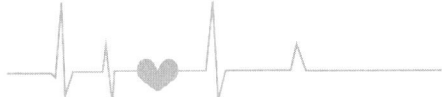

本堂课将学习如下内容：
- 意识到思维观念如何影响自己的情绪、躯体感觉和行为
- 评估非理性观念
- 对抗不必要的非理性观念

各位学员好！今天我们来学习驳斥非理性观念。

每一个自觉的生命无时无刻不在进行自我对话，也就是内在思维语言，人们以此来描述和诠释这个世界。如果自我对话极其客观明确，并与现实世界关联，那么我们的身心状态就会很好。如果自我对话是非理性的，脱离现实世界，我们将饱受压力和情绪困扰。

比如，"我无法忍受孤独。"身体不健康的人都有可能死于孤独。孤独会让人不舒服、不合群和抑郁，但是我们可以学着包容，甚至与其相伴终生。又比如，"我不应该对孩子太严厉。如果太严厉，我就觉得自己太糟糕了。""不应该"的意思就是没有任何缺点和失误。如果发生了一场无法避免的争吵，我们会单凭一件事就断定自己是个糟糕的人。

还有些完全错误的想法，比如"机翼一震动，我就知道飞机要坠落"，或者完美主义者思维"应该""必须"和"务必"，比如"我得安静一点，不应该让大家不高兴"，有可能产生非理性想法。不准确的自我对话，比如"我需要爱"。从情感上来看是危险的，而相比之下，另一种观念则更加现实："我很想拥有爱，但爱也并非不可或缺。即便没有爱，我还是可以继续生活，并且也会保持愉悦。""被人拒绝多可怕啊"这个想法可能会让人忧心忡忡，相比而言，"被拒绝我会感到难过、尴尬，后悔开口"这类的话听起

来要更理智些。祈使句有时转成陈述句显得更为理性，比如，"我应该在家里多做点事"，这句改为："假如我多做点家务，家庭氛围也许会更融洽。"

艾尔伯特·埃利斯开发了一个理论体系，以对抗非理性观念或信念，他将之称为"理性情绪疗法"，并于1961年首次与哈珀斯合著了《理性生活指南》一书。埃利斯的基本论点是，现实事件只是引发情绪的部分因素。事件与情绪之间，存在着现实或不现实的自我对话。自我对话会引发人的情绪。想法会引发焦虑、愤怒和沮丧情绪。埃利斯后来将此重新命名为"理性情绪行为疗法"，此疗法认为：行为和情绪都会受到想法或者观念的影响。

举例

埃利斯的理论模型非常简单：

激发性事实或事件——

机修工更换了油泵，因为他觉得油泵出了故障，但车况没有任何改善。顾客很生气，要求他把原来的油泵换回去。

消极的自我对话——

机修工对自己说：

他脾气太坏了，无论我们怎么做他都不满意。

然后又说：

为什么我总是碰到麻烦？

然后又说：

我得弄清楚怎么回事。

最后他得出结论：

我不是一个合格的机修工。

结果——

情绪：机修工觉得生气、愤恨、沮丧，觉得自己是个废物。

感觉：他感觉胃里好像打了一个结，最后发展成头痛。

行为：他极不情愿地换回了油泵，白天对工友发脾气，晚上对家人发火。

这个机修工之后可能会对自己说："那家伙简直把我逼疯了。"其实，让他大动肝火的并不是顾客或者顾客的行为，而是他的内在对话，即他对事实的解读。这种非理性自我对话可以被改变，并且因此而引发的压力性情绪、感觉和行为也会随之改变。

主要疗效

1969年，里姆和利特瓦克发现，消极的自我对话可以引发大量的生理反应。也就是说，当我们产生以下这类非理性观念时，身体会变得紧张并处于应激状态：

大家在派对上似乎没注意到我。

显然，在他们眼里，我很无趣又没有吸引力。

多恐怖呀！

非理性的消极自我对话引发了一系列负面情绪：焦虑、沮丧、愤怒、内疚、妒忌、承受能力低、羞愧，感觉自己是废物。已证实理性情绪行为疗法在降低这些不良情绪出现的频率和密度方面有一定的效果。

所需时间

评估我们的非理性观念，再加上练习，如果大家每天练习 20 分钟，大约两周就能掌握要领。通过理性情绪的意象，每天坚持练习 10 分钟，两周之后我们就可以直接改变情绪。

指导说明

信念概述总表

借助下面这个表格，我们会找出导致抑郁和压力的非理性观念。现在，大家可以做个小测验，给自己打分，并且记录得分最高的那些信念。

请注意，看到问题要马上回答，然后继续下一项。直觉是什么就怎么答，而不是觉得应该怎样。

信念概述总表

部分认同	认同	不认同	得分	信念
				1.得到别人的认可，对我来说很重要
				2.我憎恶任何失败
				3.做错事都是自找的
				4.当愿望无法实现时，我会发狂
				5.负面事件直接导致了不良情绪

续表

部分认同	认同	不认同	得分	信念
				6.我想让每个人都喜欢我
				7.无法做好的事我会避免的
				8.很多坏人都该受到惩罚,但却逃脱了
				9.当事情无法按照预期发展,我很容易陷入沮丧
				10.摆脱痛苦、保持快乐的良方是控制我们的环境
				11.我发现自己很容易附和别人
				12.能成功地做好每一件事,这对我来说至关重要
				13.犯错之人理应被责备和惩罚
				14.面对不喜欢的场景,我经常是心烦意乱
				15.越是感到痛苦不堪,越是对现实无可奈何
				16.我常常担忧多少人能肯定和接纳我
				17.一旦犯错我就会烦躁不安
				18.不道德行为理应受到严惩
				19.有人给我制造麻烦,我会极其恼火
				20.问题越多,快乐就越少
				21.我很在乎别人对我的看法
				22.对无法胜任之事我感到害怕
				23.曾经冒犯我之人让我怀恨在心
				24.事情不应该是这样

续表

部分认同	认同	不认同	得分	信念
				25.我最讨厌不为别人着想的人
				26.我常常放不下一些揪心事
				27.我经常迟迟下不了决定
				28.人人都需要有个可以依靠的人，必要时可以寻求帮助和忠告
				29.过往的影响是不可能消除的
				30.我需要放长假轻松一下
				31.我无法承受冒险
				32.我避免直面问题
				33.人人都需要外援
				34.如果过去可以改写的话，我会成为自己理想中的人
				35.无所事事时，我很心满意足
				36.我对将来的某些事情忧心忡忡
				37.我经常做事拖拉
				38.我有几个靠谱的朋友
				39.我经常想起过去，那些事情至今仍影响着我
				40.我更喜欢安静的休闲方式
				41.想到意外危险或将要发生的事件，我备感焦虑
				42.我很难去做令人不快的琐事，哪怕有好处也很不情愿
				43.做出重要决定之前，我习惯征求别人的意见

续表

部分认同	认同	不认同	得分	信念
				44.一旦某件事情严重影响我的生活，那这件事会一直影响下去
				45.休闲和放松可以让我感到满足和充实
				46.如果发生了我害怕发生的事情，那太可怕了。我会感到受不了
				47.我不愿意承担责任。能躲则躲
				48.我需要生活中有可依靠之人，以便拥有安全感
				49.江山易改本性难移
				50.我不必强求快乐

信念概述总表计分："不认同"0分，"部分认同"1分，"认同"计2分。

按照下面的要求进行计算，哪类得分最高，就去查看相应的非理性观念类型：

A类：1、6、11、16、21项相加

B类：2、7、12、17、22项相加

C类：3、8、13、18、23项相加

D类：4、9、14、19、24项相加

E类：5、10、15、20、25项相加

F类：26、31、36、41、46项相加

G类：27、32、37、42、47项相加

H类：28、33、38、43、48项相加

I类：29、34、39、44、49项相加

J类：30、35、40、45、50项相加

非理性观念类型：

A 类：我们认为成年人的爱与认同来自同龄人、家人和朋友。

B 类：我们总是力求完美，不允许自己一无是处和失败。

C 类：有些人就是坏蛋、魔鬼，应该受到惩罚。

D 类：当一切未如我们所愿，我们会感觉很糟糕。

E 类：大多数人的痛苦源自外部事件。当一件事触动了我们的情绪，我们自然会做出反应。

F 类：任何未知的、不确定的或者具有潜在危险的事情，都可能引发我们的恐惧感和焦虑感。

G 类：生活中的责任和困难，逃避容易，面对难。

H 类：我们需要依靠其他事物，或者比我们更强大的事物。

I 类：以前的事情极大影响了现在的决定。

J 类：可以从懒散、消极和没完没了的休闲获得快乐。

非理性观念

所有的非理性观念，都源自于自身，比如："那件事让我难过……她让我感到不安……那种地方真是吓人……上当让我很恼火。"我们以为不是自己的问题，只是世界出了问题。经历激发性事件（A），进行自我对话（B），结果从自我对话中体验到一种情绪（C）。不是 A 导致 C，而是 B 导致 C。自我对话如果没有理性而且不现实，就会引发不悦情绪。

非理性自我对话有两种常见形式："灾难化"和"绝对化"陈述，将自己所经历的一切解读成一场灾难和如同噩梦一样，我们感到大难临头、在劫难逃。胸口抽痛，就以为得心脏病了；老板发脾气,就觉得自己要被解雇了;爱人上夜班,觉得自己孤零零一个人好可怕……由此可以看出,灾难化意味着夸大无法预料的事件、特性或行为,将积极因素几乎完全忽略,由之引发的情绪是很可怕的。

比如,如果我们认为在某种情况下感到痛苦、无聊或者处处受困,并且明明自己无法应对,却硬要夸大自己的能力,人就会很崩溃。如果我们通过缺点或失误去定义一个人,并且暗示自己这些缺失很令人恐惧,在我们眼里对方也就会变得面目可憎,而这样我们却很容易为自己的愤怒找到理由。在绝对化的非理性自我陈述中,我们会经常看到"应该""必须""总是"和"绝不"诸如此类的词语,暗含之意就是所有人或事必须以特定的方式行事,或者说我们必须以特定的方式为人处世。与此有任何偏离都是不对的,没有达到这个标准的人也不是好人。事实上,标准死板、局限,本身就很糟糕。

艾尔伯特·埃利斯提出了10个基本非理性观念,后文会详细讲述。除此之外,此处补充一些非常不现实的常见自我陈述。根据信念概述总表上的得分,再结合对经历的典型情境的认识,在与自己情况相符的选项旁边画钩。

_____ 1. 成年人的关爱与肯定来自同龄人、家人和朋友。事实上,被所有人喜欢是不可能的,即使别人再喜欢我们,我们的某些行为和品质也会让他感到厌烦。这是引发痛苦的主要原因之一。

_____ 2. 我们总是力求完美,不允许自己一无是处和失败。我们要求自己必须完美无缺,对于不可避免的失败我们会

第十二堂课　驳斥非理性观念

感到自责、低自尊，对于爱人和朋友我们也力求完美，而且任何新的尝试都会让我们感到无能和害怕。可以对比另外一种信念：我们力求做到最好并从失误里有所得。

_____ 3.有些人就是坏蛋、魔鬼，应该受到惩罚。其实，他们只是在某些方面行为不恰当，他们愚蠢、无知或者神经质，需要改变自身的行为。

_____ 4.当一切不能如我们所愿，我们会感觉很糟糕。这种观点就像溺爱儿童综合征。一旦轮胎瘪了，就开始自我对话："为什么这事就发生在我身上？真的无法接受啊！糟糕透顶，简直气死我了。"任何的麻烦、问题或失败都可能会让我们有这样的感觉，内心会感到强烈的刺激和压力。

_____ 5.大多数人的痛苦源自外部事件。当一件事触动了我们的情绪，自然我们会做出反应。这个观点的逻辑性延伸意义是，必须控制外部事件，以便创造快乐或避免痛苦。事实上，一个人的控制能力是有限的，而且大多数时候我们并不知道掌控别人的方法，将不开心的原因归因于某个事件，会让自己陷入死胡同。虽然很难控制别人，但是我们可以在很大程度上控制自己的思维、情绪和行为。

_____ 6.任何未知的、不确定的或者具有潜在危险的事情，都可能引发我们的恐惧感和焦虑感。很多人将此描述为"铃声不再响起，我想不好的事情要发生了"。于是，各种灾难剧便开始排演。面对不确定因素，恐惧和焦虑情绪会加剧，应对能力会减弱，压力大增。如果对实际存在的危险不那样恐惧，就可以享受这种不确定性，视之为一种新鲜和令人刺激的体验。

_____ 7. 生活中的责任和困难，逃避容易，面对难。逃避责任的方法很多，比如："我应该告诉他我一点都不感兴趣，但今晚不告诉他……我想换个工作，但是周末累得要命，哪有力气去找工作……水龙头漏水就漏水吧，没有大碍……"如果我们也是这样认为的，请填写如下表格：

责任区	逃避区

_____ 8. 我们需要依靠其他事物，或者比我们更强大的事物。这是一个心理陷阱，因为我们完全依赖权威，独立判断力和对特别需求的觉察力逐渐受到削弱。

_____ 9. 以前的事情极大影响了现在的决定。虽然我们曾经受到某件事的影响，但并不意味着我们必须以以往的行为方式继续行事。旧有的反应模式是多次重复的结果，几乎已经成为一种机械性行为习惯。我们可以识别出那些旧有的行为模式，然后立刻开始改变它们，也可以吸取过往有益的东西，但是不必过度依赖。

_____ 10. 可以从懒散、消极和没完没了的休闲获得快乐。这被称为爱丽丝仙境综合征。要快乐，仅仅放松是不够的。

其他非理性观念：

_____ 1. 人都很脆弱，不应该被伤害。这种非理性信念会导致我们无法坦诚地交流感情，自动放弃那些为之雀跃和令人愉悦的事。因为每当我们想伤害他人或从他人那里夺走什么时，我们都会感到沮丧、无助和抑郁。人际交往会陷入死地，冲突不断，无法解脱。

_____ 2. 良好的人际关系建立在共同牺牲和付出之上，这主要基于"付出好过得到"这一内心认知，也就是说我们的欲望需要得到满足，我们的潜在需求将会得到神谕和天赐。不过，一贯的自我牺牲通常会导致痛苦和怯懦。

_____ 3. 无法取悦他人，我们将会被抛弃或拒绝。这主要是低自尊的衍生物。如果我们以真实的面目与人交往，通常被人拒绝概率会很低，对方也会接受或默许这样的我们。如果对方逐渐了解了真实的我们，我们也不必为自己的懈怠、放松警惕和被拒绝而担心了。

_____ 4. 当人们对我们不认可时，这也并不意味着我们有什么过错或者我们很糟糕。在大多数人际交往情境下，这种极其有害的信念都会引发慢性焦虑。不合理之处在于，将某个特定的缺陷或者不起眼的方面笼统地自我批判。

_____ 5. 与他人相处交流才会快乐、愉悦与满足，孤独是可怕的。幸福感、自尊和满足感可以一个人体会，也可以与他人共享。孤独可以促进自我成长，并且有时也是值得拥有的。

_____ 6.完美的爱情和关系是存在的。秉持这种信念的人经常抱怨或怨恨自己的亲密关系，因为一直在等候完美的爱情，但却从未如愿，他们觉得没有一件事情是正确无误的。

_____ 7.我们不必感到痛苦，我们有权利享受美满的生活。其实，痛苦是无法避免的。每每要做出艰难而正确的决定，或自身成长的过程，总是伴随着痛苦。生活本身并没什么公平可言，不管我们怎么做还是会遭受苦痛。

_____ 8.作为人的价值取决于我们做了什么，创造了什么。我们真正的价值，取决于我们的生存能力、感受事物的能力。

_____ 9.愤怒自然不好，而且极具破坏力。愤怒往往是一种具有清洁作用的行为，是一种真实情感的交流，却不会攻击他人的价值和安全。

_____ 10.自私是不好的，或者说是错误的。其实，我们是最了解自己需求的人，没有一个人会更关注我们，更能满足我们的需要和愿望，我们的幸福要靠自己。自私意味着我们认可这一点，与此同时，我们认为他人也有权利谋求自己的幸福。

_____ 11.我们很无助，无法控制自己的体验或感受。这个信念是抑郁和焦虑的重心。实际上，我们能够减少不利于自己的社交，也能够有效控制自己的感情反应。

大家还可以把其他非理性信念补充到下面这个清单上：

_____

识别难以捉摸的非理性观念

发现非理性自我对话的困难之处在于，思维的速度和隐秘性。它们快如闪电，总是处于意识的边缘。所以，在上述非理性陈述的语句中，我们无法看到一个完整的语句，因为自我对话很灵活并且是自发的，所以人很容易错误地以为感情是由某些事件引发的。但是，思维一旦像电影慢镜头放慢速度，画面一帧一帧地出现，思维说出"我要崩溃了"的一瞬间，它的恶劣影响便暴露无遗。思维有时也许会以"不好……疯了……觉得讨厌……哑口无言"等速记形式出现，这些短语需要还原为原始的句子，然后我们可以用从"驳斥非理性观念"这一节中学到的方法加以驳斥。

大家注意，当我们正在体验沮丧情绪，比如焦虑、抑郁、愤怒、内疚、无价值感，此时是发现非理性观念的最佳时刻。任何一种情感，特别是长期存在的情感背后，都存在着非理性自我对话。请扪心自问："关于这个情境，我想告诉自己什么呀？"我们也许会不假思索地用理性的自我对话自我纠正。比如，面对非理性想法"我哥哥从来不帮助年迈的父母，这真不公平"，艾米也许会自我纠正说："大家都说生活是不公平的。"这一想法阻止了她发现其他令自己感到苦恼的想法。

然而，她这样问自己："如果真的是这样怎么办？对于我来说意味着什么呢？"对此，她的回应是：我也希望像他那样心安理得地生活。我确实像他一样自私，不过我没有权利愤怒。通过反复问自己这三个问题，艾米识别出了其他令自己烦恼的非理性思维，包括：唯一正确的做法是牺牲我的生活，毕竟他们是我的亲人。我爱我的父母，但他们简直把我折腾疯了！我应该更耐折腾。我觉得我快死了。如果我出了什么事情怎么办？他们怎么办？一想到他们孤苦伶仃，我就受不了。那将是一场灾难……艾米在笔记本上写下了这些想法，以备后用。

可以想象，艾米此时身陷困境。除此之外，她还有很多非理性想法，这使得她有了很多烦恼，无法理智作决定。艾米可以用下面的方法，去挑战自己。

驳斥非理性观念

此观点共分五个步骤。练习时，可以以一个使自己不断产生压力性情绪的情境开始。

1. 写下烦恼时所发生之事的真相。只写事实，不写推测、主观印象或价值判断。

2. 写下对此事的自我对话。写下我们的主观价值判断、假设、信念、预测和担忧。请注意此前已被描述为非理性的观念。

3. 关注自己的情绪反应。制作一个标签，写下类似"愤怒""抑郁""觉得自己是废物""害怕"等简短的词语。

4. 用以下方法反驳和改变步骤2的非理性自我对话。

A. 首先，确定我们想反驳的非理性观念。在这里，我们以这样的非理性观念作为例子："总为这样的问题苦恼，不公平。"

B. 这个观点合理吗？所有的事物都有它本有的样子，都有其因果，所以这个观点是站不住脚的。

但是因为问题已经发生，所以必须面对和应对。问题之所以发生，是因为存在发生的必要条件。

　　C. 这个观点的错误证据是什么？
　　　a. 世间没有一条法则说，我不应该有痛苦或问题。我可以经历一切必要的问题。
　　　b. 生活充满不公，它只不过是一连串事件的集合，有些令人愉悦，有些则导致麻烦和痛苦。
　　　c. 如果出现问题的话，我会想尽办法去解决。
　　　d. 可采取的措施是尽量避免问题扩大化，但是一旦产生问题，发牢骚或不面对都是危险的。
　　　e. 没有人能逃过苦难。有些人的苦难比我少，或是因为运气，或是因为我的决定导致了问题的出现。
　　　f. 所遭遇的问题，并不意味着一定会让人痛苦，可以将之作为一个挑战，促使我创造解决问题的方案，我会为之感到自豪，同时也增强了我的自尊心。

　　D. 这个观点真的存在吗？不存在。痛苦来自自我对话，也就是我对它的解释，我让自己相信我不应该快乐。

　　E. 希望的没发生，不希望发生的却发生了，最坏的结果是什么？
　　　a. 处理问题会让快乐被剥夺。
　　　b. 我会觉得很麻烦。
　　　c. 也许我永远解决不了这个问题，并且在某些方面我觉得自己是个废物。
　　　d. 我可能不得不接受失败。
　　　e. 周围的人可能不认可我的行为，或者我可能因为没有竞争力而被排斥。

　　f. 也许我会更有压力，更紧张。

　F. 如果希望发生的事情没有发生，或者不希望发生的事情反而发生了，最好的结果是什么？

　　a. 也许我更能学会容忍失败。

　　b. 我可能会提高自己的应对技巧。

　　c. 我也许变得更有责任感。

　5. 我们清楚了自己的非理性观念，并且将之与理性思维进行了对比，现在学着用其他自我对话替代它吧。

　　A. 我毫无特别之处。当痛苦来临时，我可以接受。

　　B. 与抱怨和逃避相比，面对问题更可取。

　　C. 我能感受到自己的想法。如果没有负面想法，我就会有压力。最坏的结果不是感到焦虑、抑郁、愤怒，而是麻烦、后悔、烦恼。

家庭作业

　　想战胜非理性观念，就得每天坚持做家庭作业。至少准备100张"家庭作业表"，至少每天1次，每次20分钟。尽量在事发之后立即做家庭作业，一件事用一张表，并将这些表保存起来作为成长记录。

　　首先，请阅读"家庭作业表样本"。

家庭作业表样本

1. **激发事件：**
   一个朋友取消了与我的约会。
2. **理性想法：**
   我知道她目前时间紧张……我自己一个人找点事情做吧。
   非理性想法：
   今晚我觉得非常孤独……很空虚……她一点也不体谅我……没有人愿意陪着我……好崩溃。
3. **非理性想法的后果：**
   我觉得抑郁……我中度焦虑。
4. **反驳和挑战非理性想法：**
   A.挑选出非理性想法：
   今晚我觉得非常孤独……我好崩溃。
   B.这个想法站得住脚吗？
   站不住脚。
   C.这个想法的错误证据是什么？
   与约会相比，自己一个人待着当然不那么开心，但是我可以找到其他一些快乐的事情。
   我很享受独处的时光，只要直面失望，我就能立即享受独处的快乐了。
   我把挫折和失望误认为"崩溃"了。
   D.有真实证据存在吗？
   不存在，我只是把自己说得抑郁了。
   E.可能会发生的最糟糕的事情是什么？
   我可能会一直失望，整个晚上闷闷不乐。
   F.会有什么好事发生？
   可能我会更加自立，并且意识到自己内心充实。
5. **替代性想法：**
   我很好。我会阅读一本侦探小说。我用一顿美味可口的中国大餐犒劳自己。一个人真的挺好的。
   替代性情绪：
   我觉得有些安静，有点失望，但是我期待美食和好书。

家庭作业表

1. 激发事件: _____

2. 理性想法: _____

    非理性想法: _____

3. 非理性想法的后果: _____

4. 反驳和挑战非理性想法: _____

    A. 挑选出非理性想法: _____

    B. 这个想法站得住脚吗? _____

    C. 这个想法的错误证据是什么? _____

    D. 有真实证据存在吗? _____

    E. 可能会发生的最糟糕的事情是什么? _____

    F. 会有什么好事发生? _____

5. 替代性想法: _____

    替代性情绪: _____

改善理性思维的原则

根据以下六个规则或准则，评估我们自我陈述中的理性思维（改编自戴维·戈德曼的著作《通过理性行为训练获得情绪健康》）。

1. 这对我来说没有影响。

这种情况不会让我焦虑或害怕。但是，我对自己说的一些话，却会让我有强烈的焦虑感和恐惧情绪。

2. 一切事物都有其应有的存在方式。

无论是物还是人，都不会有第二种存在方式。说本不应该如此的人，就是相信魔力。事物有其本性，是因为事物本身都是由系列原因所致，包括来自非理性自我对话中的诠释、反应，等等。说事物应该有所不同，意味着要放弃因果关系。

3. 人无完人，孰能无过。

这是无法回避的事实，如果我们没有做好失败的打算，失望和烦恼可能会更多，由此更容易觉得自己和他人是废物、感觉不好等。

4. 一个巴掌拍不响。

指责或责备别人之前，请考虑30%定律，也就是说冲突的发生，双方至少各有30%的责任。

5. 初始原因消失已久。

寻找始作俑者纯属浪费时间，特别是寻找那些导致我们长期处于伤痛的初始原因更为困难。最好现在就决定改变自己的行为。

6. 我们多半能感觉到自己的思维方式。

事件本身并不会导致情绪，但我们对它的解释能够导致情绪。

特殊注意事项

大家如果觉得上述方法不见效,可以从以下三个方面找原因:

1. 我们一贯认为想法不会引发情绪。如果是这种情况的话,从最开始就把精力放在理性情绪意象上。如果我们发现自我对话所发生的改变能够使我们的压力性情绪减少,那么也许我们更容易相信想法导致情绪这一观点。

2. 非理性观念和自我对话都是瞬间即逝,我们根本无法捕捉到。如果是这种情况的话,当情绪比较激烈时,请尽量记录与之相关的事件和情境,记下此时脑海中浮现的一切:情景、意象、单词、时隐时现的模糊思维、名字、声音、语句等。

3. 我们难以记住自己的想法。如果是这样,不要等着事后再回忆,请马上找纸笔把一切都记下来。

理性情绪意象

1971年,马克西·莫尔茨比引入了理性情绪意象技术,这项技术有助于改善压力性情绪。该技术的工作原理如下:

1. 想象一个有压力的、同时让人不快乐的事件,并注意所有细节:看到的、闻到的、听到的、我们穿的衣服、人们所说的话,等等。

2. 当我们清晰地想象这件事时,要允许自己有不适感,比如,愤怒、焦虑、抑郁、无价值感或者羞愧,不要去回避此类情绪,要试着去感受。

3. 体验到压力性情绪之后,请主动将之转化为一种相对比较健康的负面情绪。这样，你就可以彻底改变这些情绪。比如，担心、失望、恼怒和后悔，就可以分别取代焦虑、抑郁、愤怒和内疚。如果觉得自己无法做到，那只能说明我们在愚弄自己。每个人都可以主动改变情绪，哪怕只是片刻。

4. 和压力性情绪发生连接并主动改变它，无论过程多么短暂，我们都可以发现它的运作原理。当抑郁、焦虑或愤怒情绪消失时，头脑里发生了什么变化？显然，我们明白了那些不同于自己、他人的事情。

5. 我们再也不会说"我无法掌控这种局面了……这真会把我逼得发疯"，我们会说"我和以前一样，可以应对这种局面了"。我们改变了自己的看法，改变了对事情的理解。一旦弄清楚了要如何改变压力，我们就可以付诸实施。我们会更深刻地意识到，新想法如何帮自己脱离压力，并且产生更加愉悦的情绪。

丈夫一打开电视机，作为家庭主妇的妻子会闷闷不乐，于是她便去练习理性情绪意象。她想象着这样的情境：丈夫吃完饭从餐桌前站起身，把盘子放到洗碗池离开了房间，之后是电视机打开的声音、调频的声音，还有电视剧人物的对白。随着想象的进行，她变得极度沮丧和抑郁。

和压力性情绪产生连接以后，她主动把抑郁情绪改为失望和恼怒的情绪。她花了15分钟才体会到与较小压力性情绪短暂接触的感觉，其费力程度就像徒手搬巨石。一小时练习一次，很快她的抑郁情绪就变成了几分钟的恼怒或失望情绪。

为了改善自己的情绪，她随时准备检查自己的自我对话。她发现可以对自己说出以下几句话，将抑郁情绪变为恼怒情绪："我不必觉得无可奈何。如果他想看电视，我就做些取悦自己的事情。"她还有其他想法："这就是他的生活。如果他想浪费就随他好了，但我不想浪费。平常我很少出去串门，因为我觉得应该留在家里陪他，但是，我以后要学会照顾自己的感受了。如果我不在家，他可能会不开心，但是待在家里看电视我也不开心。"

发展替代性情绪反应

以下列出示范情境和替代性情绪反应。

情境	不健康负面情绪	健康负面情绪
与伴侣打架	暴怒	恼火、易激怒
工作期限已到	极度焦虑	担心
对孩子冷酷	强烈内疚	后悔
喜欢的活动被取消	抑郁	失望
被批评	觉得自己无用	恼火、担心
当众犯错	羞愧	对自己的行为而不是自己感到内疚

现在，填写我们自己的应激情境。

情境	不健康负面情绪	健康负面情绪

在上面每一种情境中，都可以使用理性情绪意象。如果无法改变负面情绪，可以不断地感受直到改变。只要主动改变，就一定能够改变。改变我们的自我对话，让自我对话中包含更加适宜的思维、信念和观点，这样，我们更容易改善情绪。每天练习10分钟，坚持两周，以便达到最佳效果。

洞察力

想要做出改变必须具备洞察力，而洞察力分为如下三种层次：

1. 知道自己有问题，并能意识到原因。

2. 可以清楚地意识到先前的非理性观念导致了现在的情绪，而我们会有意无意地强化这些非理性观念。

3. 即使以上两种洞察力我们确实拥有，我们还是有可能发现自己没有办法改变现状。

直面担忧和焦虑

The Relaxation & Stress Reduction Workbook

———
第十三堂课

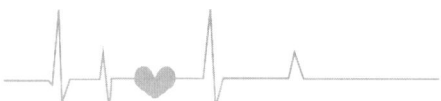

本堂课将学习如下内容：
· 缓解一般情况下以及应激情境下的紧张的方法
· 理性看待伴随焦虑而产生的思维、情感和行为
· 鼓励进行风险模拟测试
· 勇于面对灾难事件，灾难事件意象会丧失恐吓我们的威力
· 鉴别并改变担忧行为，如不停地检查和尽力回避
· 有效解决问题

各位学员好！今天我们进行第十三堂课。

适当焦虑还是有好处的。不焦虑，我们就不会努力备考，努力背台词，千方百计解决问题。焦虑可以使我们做好应战的准备，这是焦虑最重要的作用。人处于焦虑状态，会有些紧张，很容易形成战逃反应，这样当危险来临时便会自动应对。

比如，雨天开车人或多或少都会焦虑或者紧张。这时，我们不会想其他的，不会听收音机，只会挺直腰板，手握方向盘，目视前方，盯着每个可能出现情况的角落。如果恰好有一棵大树在前面，我们立马会陷入恐惧状态，启动战逃反应——踩刹车打方向盘，迅速逃离危险。

如果过于焦虑或者总是处于焦虑状态，就值得警惕了。如果总是焦虑，身体会一直处于警备状态，即使我们不会因此发疯，也会导致睡眠问题、疲劳、激怒和注意力不集中，这或多或少都会影响工作。

担心可能会犯错、被拒绝，错过截止期限，这些凡是我们感觉存在潜在危险或威胁的事情都会引发焦虑。即便我们所想象的

危险不一定存在，但只要我们觉得危险了，就一定会产生焦虑。如果高估可能发生的危险，或者发生危险的概率，也会徒增不必要的焦虑。焦虑的人想知道"如果发生了可怕的事情，我该怎么办？""会有灾难降临！"这样一想，焦虑便来了。

这是周一的早上，安娜担心孩子们上学迟到有麻烦，而自己为那个五分钟演讲足足准备了两周，也许会砸锅，弟弟的感冒会变成肺炎。

跟很多长期焦虑的人一样，安娜会想尽办法预防坏事发生：因为担心出错被批评，甚至被解雇，她总是提前做很多准备工作；因为担心孩子们迟到显得不礼貌，她和孩子们提前做好准备。她总是认为，如果不反复检查工作，会出大事。然而令人感到讽刺的是，如此担心会由此诱发无可避免的焦虑，因为这种行为掩盖了一个事实：就算她没做这些准备工作，意外发生的概率也是很低的；即使发生意外，她也能够及时处理。

孩子们偶尔上学迟到又会怎样呢？也许学校会打电话问怎么回事，但孩子们却不会因此考试不及格或被开除。总是问起弟弟的病情，是可以让自己放心，却无法预防肺炎。

当人们担心并将要为之采取措施时，都会进入压力状态。周日晚上安娜睡觉时还在不停地担心，不仅没有一丝睡意，而且浑身紧张。在床上翻腾了一个小时，她怎么也睡不着，只好起床为孩子们准备午饭。她觉得也许这样孩子们上学就不会迟到了。想到上周孩子们迟到时校长一脸的不悦，她顿时觉得肩膀有些僵硬。

她对自己说，大家一定觉得我不配当母亲，因为我没有辞职回家当全职妈妈。这时，她感觉胃很不舒服。如果孩子觉得时间不充裕怎么办？如果孩子们觉得迟到无所谓怎么办？如果孩子们觉得晚交作业甚至不交作业也没关系怎么办？面对这些事情自己真的束手无策啊，也没法面对工作！她揉了揉疼痛的肩膀，然后吃了一粒抗酸药，缓解一下胃部的不适。"真的好兴奋……如果再不去睡觉，明天就起不来了。"她返回卧室，把闹钟提前了半个小时，又折腾了两个小时才完全睡着。正如我们所见，担忧、紧张这些情绪会共同作用，使得焦虑逐渐加剧。

本堂课内容基于米歇尔·G.克拉斯克和戴维·H.巴洛、约翰·怀特、玛丽·艾伦·科普兰的研究成果。这个研究认为焦虑和担忧很难消除，主要是三个要素在共同起作用：

1. 想法。它会暗示我们有可能遇到哪些危险或威胁。
2. 身体。面对上述危险，身体会变得紧张起来。
3. 行动。我们会去核实危险是否存在，并且尽一切可能避险。

主要疗效

本堂课讲述的方法有助于缓解焦虑和担忧，并缓解由此而来的生理性紧张：胡思乱想、激动，或者忐忑不安、睡眠差、疲惫、注意力涣散、肌肉紧张、易激动。

所需时间

只需要练习几个月就能够完全掌握。找到适合自己的方法后，便可以根据需要适当练习。经常练习，就会越有成效。

指导说明

用于缓解一般性紧张和急剧紧张的放松技能

生理性紧张和担忧、焦虑这些情绪是相互作用的。我们可以用本书中的放松方法去干预自己的焦虑和担忧情绪周期,如果还不会横膈膜呼吸法,请翻到第三堂课跟着练习。如果练习时觉得感觉很好,再练习留心呼吸计数,这有助于我们更加客观地看待自我。

接着,请翻到第七堂课,练习"渐进式肌肉放松法""纯释放松法"和"线索控制式放松法",以达到放松的效果。做练习的时候,确保关注自己的感觉,尤其是胸部、腹部、前额和肩膀的放松感觉。

每天练习两三次。使用第二堂课的"紧张程度记录表",记录练习前后的放松情况。

一旦在线索控制式放松法练习找到深度放松的感觉,那么,在一天当中的任何时刻,只要觉得紧张了,就可以开始练习。

回顾和观察我们的焦虑情绪

想要改变什么就必须先要对此完全理解。每天做记录,可以更清楚自己的焦虑状况,区分出自己的焦虑、紧张和担忧,并弄明白它们是如何产生的、如何导致焦虑程度加剧的。按照克拉斯克和巴洛的观点,当我们学会随时记录,就可以更客观地看待焦虑、担忧、紧张这些情绪。由此,可以更好地用下面所介绍的方法缓解自己的焦虑。同时还可以监测到情绪的变化,看自己仍需要做哪些努力。

如果发现焦虑程度急剧上升，自己总是很担心，或者出现生理性紧张，就要及时记录。

实事求是地评估风险

过度担心，说明我们评估风险的能力很有限。坐飞机时，或者在高速公路上开车时，有些人总是忧虑重重，还有人总是担心自己会突然丢掉工作，即使根本不可能被解雇。夸大风险会让我们更加担心，到最后这种担心真的会变成问题。正确评估风险，能大大缓解焦虑。

安娜的焦虑情况记录表

日期：5月5日   时间长度：5小时

焦虑严重程度量表：
在最能准确描述我们焦虑程度的数字旁边画上 ×：

0　　1　　2　　3　　4　　5　　6　　7　　8　　9　　10
无　　　　　　轻度　　　　　　中度　　　　　　　　重度

诱发事件：
明天要做5分钟演讲。
上星期孩子们上学迟到了。
弟弟生病。

担忧：
明天我会把演讲搞砸。
老板觉得我不称职而解雇我。
孩子们上学会迟到，校长认为我不配当母亲。
如果孩子们晚交家庭作业怎么办？真的不知道怎么办！
弟弟的感冒发展成肺炎怎么办？他会死的！这么恐怖的事情，我真的不知道怎么应对。

写下自己的生理状况或在下面这些词加下画线： 肌肉紧张、睡眠问题、难以集中思想、脑子一片空白、容易兴奋激动、疲惫、心绪不宁、感觉紧张不安。其他状况：
胃部不适、肩膀疼痛。

担忧行为：
给孩子们准备午饭；
为防止迟到，闹钟提早半小时；
反复准备5分钟的演讲稿；
反复询问弟弟的病情。

焦虑情况记录表

日期：_____　　时间长度：_____

焦虑严重程度量表：
在最能准确描述我们焦虑程度的数字旁边画上×号：

0　　1　　2　　3　　4　　5　　6　　7　　8　　9　　10
无　　　　　　轻度　　　　　　中度　　　　　　　　重度

诱发事件：
_____
_____
_____

担忧：
_____
_____
_____

写下自己的生理状况或在下面这些词下加下画线：肌肉紧张、睡眠问题、难以集中思想、脑子一片空白、容易兴奋激动、疲惫、心绪不宁、感觉紧张不安。其他状况：
_____
_____
_____

担忧行为：
_____
_____
_____

预测后果

总是忧虑重重的人习惯于凡事做最坏的打算。他们的恐惧主要来源于可能发生的最坏结果。例如，有个女人总是担心自己会被抛弃，丈夫一说想放弃婚姻，她马上就觉得一切要结束了。事实上，离婚之后，她的痛苦日子只持续了几个月，她并没有完全陷入孤单和寂寞之中。与几个朋友深入长谈后，她发现很多人在婚姻的破灭后却比以前更有幸福感了。她变得爱交朋友，积极锻炼身体，甚至还认识了一个更好的伴侣，她的担忧没有了。虽然她曾经历过痛苦，但最坏的结果从来没发生过。

内心处于担忧状态时，人总会忘记自己其实有能力应对无法预计的情况，甚至连最可怕的情况也是有办法对付的。即便身处灾难，我们也能活过来，甚至还从中受益。在困难面前，任何人都会设法应对，车到山前必有路。

下页是"风险评估表"，借助这个表可以准确评估风险概率和采取相应的措施，从而缓解焦虑情绪。多复印几份，只要觉得自己有些过度担心便填写一张。

在第一行上，以某个恐惧事件为例，记录自己担心的其中一个原因，写下最担心发生的后果。比如，自己为身为旅游业务人员的爱人担忧，我们可能想象最坏的结果是，太平洋上空爆发了一场空难，虽然调查了很长时间却没有发现一点线索，无一人生还，从此自己与爱人生死相隔，身无分文、生活穷苦。

在第二行，写下自己的忧思："他不在了……全家人将永远不能接受这个事实……我再也无法入眠……恐惧、不安……夜夜梦魇……"大概记录下此时的想法，哪怕只是一个意象或者一闪而过的某个词。

在第三行，给自己的焦虑水平打分。0分表示没有焦虑感，100分是极度恐惧。

在第四行，最糟糕的情况出现的概率有多高？请打分，从0%（完全没有可能）到100%（百分之百出现）。

接下来的五项内容说的是灾难性思维。假设各位现在处于极度恐惧状态，也极有可能需要面对最坏的结果，那么那些自己绞尽脑汁想出的办法和行动也许会帮助我们渡过难关。同时，也需要考虑这个灾难可能持续多长时间，有哪些办法可以帮助自己和他人渡过此劫。一旦有具体的行动思路，知道如何应对最糟糕的情况，一定要坚持，直到达到预期效果。因为有预案，所以一切看起来不那么令人恐惧了。之后，为自己的焦虑水平重新评分，看看有什么改变。

接下来的三项是关于过高估计风险的问题。先写出与可能的最坏后果相反的证据，然后列出与之相对应的结果。尽量客观地想象即将出现最坏后果的概率，同时考虑担忧次数与担忧成真的次数之间的关系。如果曾经我们担心的事情真的发生了，那说明我们的猜测是有依据的。此时，我们也许想找朋友调查一下或者了解一下确切发生的概率，重新评估后会发现，无论是事情发生的概率还是焦虑水平都大大下降。这说明我们完成了一个全面而客观的风险评估。

以下样表是保罗填好的风险评估表。保罗是个学生，他担心大考不及格，特别是法学院的入学考试。

每当我们沮丧无法自拔时，就填写一张风险评估表。坚持做这个练习非常重要。每做一次风险评估，我们的灾难性思维都会有所改观。请保存评估表，当遇到类似的情况时，也许用得着。练习一段时间后才能成为习惯。

风险评估表样本

1. **恐惧事件**：法学院入学考试（LSAT）成绩不理想。

2. **自动思维**：我肯定会考得很糟糕。我的头脑僵化，几乎每道题我都不知道答案。

3. **焦虑水平**：95分

4. **事件发生概率**：90%

5. **预期可能出现的最坏后果**：我考得不好，所以任何一所法学院都没有录取我。努力白费。最后，我找到了一个不喜欢的工作。

6. **可能产生的应对思路**：一次没考好可以考第二次，并且可以从中获得一些经验。除了法律以外，还有其他有吸引力的职业，比如出版。

7. **可能采取的应对行动**：规律学习。参加补习班有助于备考。如果需要二次备考，我可能会找一个有共同目标的学习伙伴。

8. **预期后果**：我不会败得太惨。如果我第一次考砸了，我会为第二次备考。同时，我还可以考虑别的专业。

9. **二次评估焦虑水平**：70

10. **与最坏结果相反的证据**：我学习努力，我的好几门科目成绩都中等偏上。我的高考分数比大多数人都高。

11. **可以替代的后果**：我可能考得不错，比预期还要好。也许无法上第一志愿的法学院，但能上第二志愿的学院也不错啊。也许我需要再考一次，再次备考。无论结果怎样，最终我都会成为一名律师。

12. **重新评估事件发生概率**：35%

13. **重新评估焦虑水平**：45分

风险评估表

1. 恐惧事件：_____
   _____

2. 自动思维：_____
   _____

3. 焦虑水平：_____
4. 事件发生概率：_____
5. 预期可能出现的最坏结果：_____
   _____

6. 可能产生的应对思路：_____
   _____

7. 可能采取的应对行动：_____
   _____

8. 预期后果：_____
   _____

9. 二次评估焦虑水平：_____
10. 与最坏结果相反的证据：_____
    _____

11. 可以替代的后果：_____
    _____

12. 重新评估事件发生概率：_____
13. 重新评估焦虑水平：_____

直面极度恐惧

不论是真实的事件还是虚构的事件，各位是否会突然想起某个恐怖场景？假如大家总是害怕开车，可能会想象大卡车追尾自己的车，我们不得不战战兢兢地在十字路口停车。根据克拉斯克和巴洛的观点，人在担忧时，内心的画面感很强，每次这个意象在脑海浮现时，就好像恐怖事件真的正在发生，与此同时，人便会产生令人恐怖的战逃反应。恐惧超出了担忧，我们可能会更担心"路上的车都是马路杀手"，然后不停地看侧视镜和后视镜。灾难性意象让我们恐惧，让我们不断增加焦虑感。如果试图避免，这个意象会再次出现。

克拉斯克和巴洛说，如果不断主动去面对让自己感到害怕的意象，那么一段时间后，我们就发现自己已经不怎么害怕了。恐惧消除后，我们就不会担心安全问题，也不会担心被控制。为此，克拉斯克和巴洛开发了暴露疗法，也就是反复让人想象恐惧的场景，从而消除恐惧感。这种方法结合放松练习，可以监测和评估风险，安全而又方便。

暴露疗法的准备

进行暴露疗法之前，请大家准备"暴露疗法准备表"，用于记录我们最为担忧的问题。

身为海军的父母告诉桑迪，她必须"时刻整装待发，无论在家或者出门都得整洁有序"，于是整日她都在打扫和整理屋子，然而不管怎么整理她都觉得脏。因为担心别人嫌她脏，不愿与她往来，她很少请人到家里做客。

桑迪的"暴露疗法准备表"如下：

暴露疗法准备表样本

1. 写下担心的问题。

   因为家里又脏又乱,我担心别人对我失望,不搭理我。

2. 当担心以上问题时,我们能想到的最糟糕的事情是什么?请写下来。我们也许已经在风险评估表上区分出了。请把注意力放在这个最糟糕的事情上,而不是让自己焦虑。请用最形象的语言描述这件事,包括我们的生理反应和情感反应。

   我先生生日那天,我邀请邻居参加晚宴。可我还没来得及收拾房间,邻居就过来了。先生请邻居们进屋,他们环顾房间,纷纷摇头。先生很尴尬,只好说了句:家里好像刮过龙卷风一样。于是,男邻居帮忙收拾杂乱的房间,而女邻居则开始帮忙清洗碗碟。我感觉脸颊发烫,胸口和肩膀紧张,胃难受。发窘、羞愧、狂怒、不安的感觉围绕着我。我想马上消失,但身为女主人,在先生生日怎么能走开?第二天在周围散步时遇到邻居,他都不理我,也不和我说话。我觉得可能是他们都觉得我是又脏又懒的人。我的胸口和手臂发紧,心脏怦怦直跳。我感觉很羞愧。

3. 这个意象对我们意味着什么?

   如果家里很乱,来做客的人会认为我又脏又懒,不想和我交往,我会觉得羞愧。

4. 使用焦虑严重程度量表,为上述意象的焦虑程度评分(0分表示不焦虑,10分表示极度焦虑)。

   9分。

暴露疗法准备表

1. 写下担心的问题。

   _____
   _____

2. 当担心以上问题时,我们能想到的最糟糕的事情是什么?请写下来。我们也许已经在风险评估表上区分出了。请把注意力放在这个最糟糕的事情上,而不是让自己焦虑。请用最形象的语言描述这件事,包括我们的生理反应和情感反应。

   _____
   _____
   _____
   _____
   _____
   _____
   _____
   _____

3. 这个意象对我们意味着什么?

   _____
   _____

4. 使用焦虑严重程度量表,为上述意象的焦虑程度评分(0分表示不焦虑,10分表示极度焦虑)。

   _____
   _____

指导说明

　　1. 从最轻松的意象开始，阅读自己的描述，然后闭上双眼，调动五官，丰富自己的想象。想象我们正身处其中，不但要想象场景，还要想象其声音和气味，想象触摸某些东西的感觉。想象我们恐惧的样子、身体的反应，以及我们赋予这个情景的意义。

　　2. 一分钟之后，给上述意象的生动性打分。0分表示不生动，10分表示极其生动。在焦虑严重程度量表上打分。如果想象中的画面并不清晰，或者评分低于5分，说明我们对此没有恐惧感，请重复第一个步骤。记住我们只是参与其中，而非第三者。想象一个情境，并赋予其意义，以及我们将体验到的恐惧感和情绪。如果依然难以想象出具体的画面，在继续进行本清单上的下一项目之前，请阅读下面"特殊注意事项"的第一部分。

　　3. 当我们想象出与某些焦虑情绪相关的一个清晰意象时，应在此停留5分钟。做到这一点，则需要不断解读自己的描述，想象事情发生的真实场景，体验与之相关的任何情绪和感觉，并停留在此刻。不要试图去改变它们。当反复想象这个意象时，与之相关的情绪和意义将会发生改变。

　　4. 使用线索控制式放松法进行放松。同时回答这些问题：
·我们认为就是因为我们想象这个事件才导致它发生的吗？
·如果事情发生了，我们要如何应对？
·关于某事的意义，我们是不是有些反应过度？具体情况是什么？
·就事实和逻辑而言，这件事发生的概率有多大？
使用策略和资源，客观看待，想出处理方法。

5. 再次阅读我们的描述，然后闭上双眼，再次想象这个事情，就好像它真的在发生，并停留半分钟。为意象的生动性评分。使用焦虑严重程度量表为焦虑程度打分。一旦可以想象出一个夹杂着焦虑情绪的生动意象，在此停留5分钟。除了想象事情本身以外，还要想象之后几天、几周和几个月里即将发生的事，也就是说需要看见自己处理事情的过程。如果我们想象自家房子着火了，要先想象事情的经过，然后想象第二天发生的事情：朋友和亲人安慰我们，并帮助我们抢救财物，接着再想象找保险公司理赔的场景，最后想象与建筑师商谈新房重建计划的场景。

6. 重复第四步，先放松，然后再次回答带圆点标记的四个问题。重复4、5两步，直到焦虑水平达到2分或2分以下，然后继续下一个意象。大家也许会发现，当我们不再为该意象痛苦时，便不会产生这个意象了。

7. 按照进度练习，可以每天做3次暴露疗法练习，每次5分钟。记录练习的情况。

特殊注意事项

无法想象出自己的灾难性情境主要原因有：

1. 意象清单无法触发我们的焦虑情绪。通常情况下，如果我们对此意象带有情绪，那么这个意象会更加生动；如果无关痛痒，意象则显得模糊，我们会发现这个意象不可能发生，或者说，即使发生了，应对也相对容易。我们也许会想："这只是想象而已，不是真的。"如果是这样，那就想象下一个意象吧。

2. 第一次运用意象。在试图想象灾难性意象之前，请试着想象比较中性或比较积极的场景。可以先做做下面的热身练习：

不要抬头，闭上眼睛，尽量调动所有的感官想象具体细节。看见了什么？听到了什么？摸到了什么？感觉到了什么？闻到和尝到了什么？之后请睁开眼睛，比较想象中的情形和真实场景。

然后，再次闭上双眼，想象自己还是在同一个地方，但是这次有一扇门出现在眼前，推开这扇门，我们进入到另外一个宜人而安全的地方。尽量运用所有的感官将自己融入其中，而不是以第三者的角度去观察此地。在不同场景做这个练习，有助于提高我们的观察力和想象力。一旦我们可以想象出中性或积极的情境，便可以再次使用暴露疗法想象灾难性意象。

3. 意象不是很具体，可以想象得更加具体一些。例如，不要去想象6岁的孩子走失的场景，而是把它放到具体的场景中。比如，在圣诞节，在一家挤得水泄不通的百货商场里，孩子不见了。

4. 我们想象的意象太容易激发焦虑，而我们正在努力避免焦虑情绪。这时请记住三点：

a. 这只是练习，不是真实场景。

b. 想象一个不会实现的意象。

c. 越敢于面对痛苦意象，痛苦就会越少。

如有必要，设法让这个意象不那么恐怖，比如想象自己正在看一张黑白快照，或者一部黑白电影。无论多么想避免其痛苦，都要试着主动让自己进入这个场景。如果做过这个练习之后还有问题没能解决，请向认知行为临床治疗师求助。

5. 如果反复练习后，发现痛苦没有减轻反而增加，就要观察一下该意象是否正在发生变化。如果我们总是心事重重，担心的情况是很有可能发生的。准确来说，面对这样的意象，我们会恐惧，会启动战逃反应，会更加痛苦。人处于一种担忧的状态时，注意力是无法停留在一个意象上的，而是会从一个痛苦的画面转到另一个痛苦的画面，同时焦虑感逐渐加剧。谨记，在练习暴露疗法时，注意力要停留在一个意象上，直到痛苦被缓解，然后再练习下一个意象。

6.形成记录练习情况的习惯，记录包括日期、我们正在不停想象的意象名称、意象生动性，以及焦虑程度的最高评分。

暴露疗法的原理

在前面的案例中，桑迪想象了这样一个场景：邻居夫妇对她家里的杂乱不仅表示了鄙视，还到处对人说她很邋遢，然后她被所有街坊邻居鄙视了。她轻松想象出了其中的很多细节，就好像这件事真的发生过一样，她也为此而焦虑异常。这让她感到十分惊讶。意象的生动性和自己的焦虑程度，她都是8分。当她把注意力停留在该意象上长达5分钟时，她想到别人的鄙视让她产生的羞愧感，以及被邻居排斥的孤独和羞愧感，她情不自禁地哭了起来。当她发现自己的思绪想脱离原始意象时，她再次重温情境描述。5分钟结束时，她运用线索控制式放松法去降低自己的紧张程度，然后回答了以下四个问题：

· 因为我们想象到某件事，它才可能会发生吗？不是。

· 如果事情发生了，我们将如何应对？

意识到邻居会提前到，我便练习线索控制式放松法。我会向他们告知自己没想到要提早一个小时迎客，自己还有些事情没做。

我是一个冷静的人，习惯于提前安排各种事情。我会安排先生打扫客厅和餐厅，请女邻居帮厨。如果邻居隐晦地表达了对我的不赞同，我会痛快承认或自我调侃一下。

· 如果邻居真的反应过度，怎么办？

周围的朋友看到了我家乱七八糟的样子没关系，他们只要喜欢我这个人就可以了。我经常跟他们聚会，怎么会有孤独感呢？邻居夫妇只来这一次就觉得我不是一个合格的主妇，但是他们不会因此就让整个社区的人都烦我。

· 根据事实和逻辑，这个事情的发生概率有多大？

几乎为零。与我的父母不同，大多数人不大关心别人家房间整洁与否，也不会据此去谴责别人。全社区的人更不会这样行事。一些朋友更认可真实的我。

桑迪再次闭上眼睛，练习暴露疗法。想象同一个意象以及相关的情绪、感觉和意义，这次她发现该意象依然生动（8分），但她的焦虑评分降了2分（6分）。当她把想象的时间持续了5分钟后，想象第二天、下周、下个月所发生的事情时，通过线索控制式放松法、理性思维、诚实、幽默以及丈夫和朋友的支持，她发现自己在积极应对。此时意象生动性为8分，焦虑程度降为4分。当再次回答那四个问题时，她补充说：自己无法取悦每个人，即使有人觉得她家太乱了，也不能据此把自己列为坏人。

桑迪的意象暴露疗法日志

当天日期	意象(识别短语)	生动性（0~10分）	最大焦虑程度（0~10分）
6月1日	家里凌乱	8	8
6月2日	家里凌乱	8	4
6月3日	家里凌乱	6	2
6月4日	工作面试	9	8
6月5日	工作面试	8	5
6月6日	工作面试	7	3
6月7日	工作面试	7	2

意象暴露疗法日志

当天日期	意象(识别短语)	生动性（0~10分）	最大焦虑程度（0~10分）

改变我们为之担忧的行为

担心并为之行动是为了预防发生祸事，借此人们让一切有条不紊地进行。就像前面提到的安娜的案例，反复准备5分钟的演讲，不断询问弟弟的病情，深更半夜为孩子们做午饭，闹铃提早半小时送孩子们到学校。有的人甚至担心自己总是处于担心状态，因此对一切有可能引发担心的活动尽量回避。

事实上，越是担忧，担忧和焦虑反而越不容易消除，因为我们沉浸其中，很难意识到自己千方百计预防的事情是不可能发生的，即使真的发生了，自己也是有办法应对的。例如，在我们的眼中，反复检查工作才能避免被老板责骂。遗憾的是，反复检查会造成两个后果：一是我们无法发现明显的错误，二是让我们越发不自信，其实即便工作上真的出错而被老板责骂，我们也是能应对的。这使我们陷入无休止的担忧之中，与之而来的是毫无来由的紧张，白白消耗掉了时间和精力。

当危险事件的发生概率相对较高时，我们为保卫自己和家人的安全而采取的行动，与毫无根据的担忧和焦虑是截然不同的。

接下来，我们将学习如何区分担忧行为。可以先设计我们的替代行为，借此我们会发现如果不像之前那样做，我们的预测是否会应验。例如，我们可以用按时到会或者迟到几分钟代替提早到会。

下面是欧文的"担忧行为替代方案表"：

担忧行为替代方案表

担忧行为	替代行为	预测	最大焦虑程度
每天看老婆6次	每天看老婆1次	她要死了	10分
坚持工作直到完成	即使还有工作没做完也按时下班	我被认为工作不给力，会被开除	8分
用几周时间研究买新设备	用3小时研究买新设备	会犯错误	9分
家里太乱所以从不邀请别人到家做客	虽然有些脏也有些杂乱，但仍会邀请人做客	别人觉得我家太乱了不来做客	8分
穿着完美才去上班	穿着又脏又皱或者不合身的衣服上班	同事会觉得我邋遢，不职业	8分
数到10才离开房间	不数数就离开房间	自己或家人会受伤或者死亡	10分

如果不像之前那样采取预防措施，各位可能会相当焦虑。但同时各位也会发现，真的不会发生什么可怕的事情。即便不好的事情确实发生了，我们也能应对。尤其是，我们越用替代行为代替惯常行为，焦虑就越容易消除。现在请大家填写自己的"替代方案表"，并遵循下面的指导说明。

指导说明

1. 区分出自己的担忧行为。在下面的"担忧行为替代方案表"

第一栏中，写下我们的担忧以及为之采取的行为。查阅一下我们的焦虑情况记录，有助于清楚了解自己因为担忧会采取什么行为。

2. 制定替代方案。在"担忧行为替代方案表"第二栏中，写下我们的替代行为，注意这些替代行为不是建立在焦虑的基础上的。我们也知道，在同样的情况下，别人会如何做。例如，因为欧文担心任务没有完成而丢掉工作，所以每天晚上熬夜加班。可其他同事没有完成工作，却照常按时下班。

3. 预测如果我们没有采取措施会有什么后果。在"担忧行为替代方案表"第三栏写下自己选择替代行为会产生的后果。对后果做最坏的预测。

4. 为第一次采取替代行为时的焦虑打分，填写在"担忧行为替代方案表"第四栏中（0分=不焦虑；10分=极度焦虑）。

担忧行为替代方案表

担忧行为	替代行为	预测	最大焦虑程度

练习替代方案

从焦虑程度最轻的替代方案开始，每天坚持练习，直到最大焦虑程度达到10分为止。在准备过程中，可以运用前面学到的方法，去实际判断某个让我们感觉糟糕的事情的具体细节，预测灾难性后果，从而制订行动计划。如果感到紧张，可以使用线索控制式放松法放松一下。

最好每天都练习。如果每周仅练习一次，那么每次要至少练习一种以上的替代行为。

使用下面的"替代行为练习日志"记录练习日期、所练习的替代行为、练习该行为的结果，以及当天的最大焦虑程度。将练习替代行为的结果与预计结果进行对比。我们的预计是否不成立？当我们采取替代措施时，即使确实发生了什么不好的事情，我们能够从容应对吗？如果不能，在下一次遇到类似情况时我们能够采取哪些更有效的措施？

当我们逐项练习替代行为会发现，我们可以承受更多的焦虑。慢慢地，就更容易接受更大的挑战。

欧文是银行主管，每天都需要熬夜加班才能完成全部工作。按照替代方案，他需要少做一项工作才能按时下班。预测这样做的可能后果是，积压的工作会击垮他，最终因为工作没完成而被解雇。

评估之后，他不得不承认自己的恐惧是毫无根据的，因为整个银行只有他和总裁能完成一天的工作，其他人也没有因为这个理由而被解雇。即使被解雇，他也能很快找到工作。尽管已经意识到这一点，练习时他还是觉得自己的焦虑程度会达到 8。

第一天，他非常努力完成工作，把所有该做的都做完了，没有熬夜，但是焦虑水平达到了 6。第二天，他没有像第一天那么努力工作，也没做完工作，然而工作进度也没受到影响，焦虑水平为 8。他打消了加班的念头，在办公桌前练习了线索控制式放松法。在之后三天里，他做了同样的练习。第十天，欧文的焦虑水平降为 2。他意识到自己完全可以按时下班，并且把一些事安排到第二天处理。

替代行为练习日志

日期	替代行为	结果	最大焦虑程度
7月10日	按时下班，有一项工作没有完成	没有人注意到他没完成该项工作	6
7月11日	同上	没有人注意到他没完成7月10日的工作	8
7月12日	同上	7月11日需要完成的一项工作没完成，用户也可以接受	7
7月13日	同上	没有人注意到他没完成7月12日没有完成的工作	4
7月14日	同上	老板想要他7月13号完成，但是等等也没关系	5
7月17日	同上	没有人注意到他无法完成7月14日没有完成的该项工作	3
7月18日	同上	没有人注意到他今天能够完成7月14日和7月17日没有完成的工作	3
7月19日	同上	没有人注意到他选择今天不去完成7月18日的工作	2
7月20日	穿着皱巴巴的衣服	没有人注意到	7
7月21日	同上	同事拿这开玩笑	6

下面是欧文的替代行为练习日志样本：

复印几份"替代行为练习日志"，记录我们的练习情况。

替代行为练习日志			
日期	替代行为	结果	最大焦虑程度

其他考虑因素

练习替代行为时，如果稍微有些焦虑或者根本没有焦虑感，那就说明我们已经学会结合现实思考问题了。替代行为的完成，将使我们的新型思维方式得以巩固。请谨记：不要过于频繁、详细地检查细节、预防差错和避免不良后果，这样才能降低焦虑水平。例如，我们选择放权，以此替代管理过细的问题，那就不要四处巡视检查下属的工作，对他们已经做完的工作也不要修改。

练习时如果发现很容易变得焦虑，可以提醒自己：焦虑只是暂时的，此时的焦虑是为了改变自己。通常情况下，刚开始练习时，焦虑水平是最高的。反复练习之后，焦虑情绪才会消除，所以这是一个长久坚持的过程。

如果焦虑水平并没有降低，就需要审视自己的思维模式，并运用本堂课开头提供的思维技能。

例如，无论多么匆忙，房地产经纪人凯莱布都会提前10分钟到达约定地点。现在他开始练习至少迟到2分钟。

一周之后，凯莱布发现大家并没有对此有什么看法，但他感到很焦虑。他觉得大家不评论只是出于礼貌。假如他继续这样，客户可能就没了。他认为需要关注客户对此的反应，因此他继续坚持练习。练习两周后，他的客户只丢失了一位——只有一个客户通过其他的经纪人找到了房子。这种情况他是能接受的，于是他的焦虑水平降到了1。

把担忧变成解决问题

现在，我们掌握了处理过度担忧的有用方法，不过这还不能让自己真正减少对威胁的担忧。但是，面临危机或真正的难题时，我们如何让担忧处于可控范围之内呢？改善担忧和焦虑水平分为三步：（1）定义问题；（2）集思广益寻求解决方案；（3）坚决执行解决方案。

这三步改变出自玛丽·艾伦·科普兰的《控制担忧工作手册》。以下是一位年轻企业家处理创业担忧的过程。

1. 写下自己真正的担忧，描述要具体化。

我真的想创业，但我缺资金。我担心自己不懂得避开陷阱，最后丧失所有。

2.集思广益寻求解决方案。列出自己所能想到的方法。

·与其他企业家交流创业的经验。

·调查那些支持创业和创业者的机构。

·研究微小创业公司小额商业贷款和其他可用资金的可能性。

·加入几个小规模企业组织。

·向朋友和家人寻求投资者。

·在家创业，以节省成本。

·坚持做兼职数年，以便多挣点钱。

·工作时间上班，业余时间创业。

3.评估每一种方法。无法实现的画"×"；难以实现的画"？"；马上实现的画"√"。

与其他企业家交流创业经验。√

调查那些支持创业和创业者的机构。√

研究微小创业公司小额商业贷款成其他可用资金的可能性。√

加入几个小规模企业组织。？

向朋友和家人寻求投资者。√

在家创业，以节省成本。？

坚持做兼职数年，以便多挣点钱。×

工作时间上班，业余时间创业。×

4.设定截止期限。落实画"√"的事情。

4月1日以前，与其他企业家交流创业经验。

4月15日以前，调查那些支持创业和创业者的机构。

5月1日以前，在家人和朋友中间寻求潜在的投资者。

5月15日以前，研究微小创业公司小额商业贷款和其他可用资金的可能性。

5. 接着落实画"？"的事情。

6月15日以前，加入几个小规模企业组织。

7月1日以前，决定是否腾出一间卧室做办公室。

6. 现在，有些画"×"的项目也许看上去不是那么难以实现了。如果觉得自己可以解决，就马上行动。

8月15日以前，如果一切没结果的话，我还会全职工作，业余时间创业或兼职。

解决问题的工作表

1. 写下自己真正的担忧,描述要具体化。

   _____
   _____

2. 集思广益寻求解决方案。列出自己所能想到的方法。

   _____
   _____

3. 评估每一种方法。无法实现的画"×";难以实现的画"?";马上实现的画"√"。

   _____
   _____

4. 设定截止期限。落实画"√"的事情。

   在 _____（日期）以前,我将 _____
   在 _____（日期）以前,我将 _____
   在 _____（日期）以前,我将 _____
   在 _____（日期）以前,我将 _____

5. 接着落实画"?"的事情。

   在 _____（日期）以前,我将 _____
   在 _____（日期）以前,我将 _____
   在 _____（日期）以前,我将 _____
   在 _____（日期）以前,我将 _____

6. 现在,有些画"×"的项目也许看上去不那么难以实现了。如果觉得自己可以解决,就马上行动。

   在 _____（日期）以前,我将 _____
   在 _____（日期）以前,我将 _____
   在 _____（日期）以前,我将 _____
   在 _____（日期）以前,我将 _____

本堂课小结

　　练习的次数越多，处理担忧和焦虑的能力就越强。要告诉自己：只要使用放松技能，紧张感就会减少；只要担忧消除，内心就会更加平和；每当自己进入灾难性情境意象，恐惧感就会减少一点；面对担忧时，假若并未遭遇难题，我们会变得更加自信；全力解决问题时，我们将会发现更多有助于目标完成的资源。打破旧有的习惯建立新习惯，需要时间。

如何应对恐惧

The Relaxation & Stress Reduction Workbook

第十四堂课

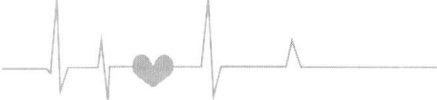

本堂课将学习如下内容：

· 越早预计出可能发生的应激事件，人就越冷静，越有能力应对

· 在出现应激情境之前和期间能够放松

· 压力之下抵抗非理性焦虑思维

各位学员好！今天我们来学习第十四堂课。

认知行为疗法研究员唐纳德·梅肯鲍姆（Donald Meichenbaum）指出，恐惧反应主要是两个因素相互作用导致的：身体感受和对恐惧的定义。恐惧会使人意识到自己身处危险之中，并将焦虑或者恐惧情绪视为身体感受。事实上，应激情境与情绪反应之间并无关联。对危险的判断以及自己身体反应归类，才是最终决定我们的情绪反应的力量，而这足以说明人在身处恐惧时产生不同情绪反应的原因：有的人可能非常享受跳伞时四处摇晃的"快感"，但看到宠物老鼠时却会恐惧万分、惊声尖叫。

在第一种情况下，他把跳伞视为激动人心的冒险，他将此时的身体感受归类为激动。生理感觉强化了他所经历到的愉悦感。在第二种情况下，因为他视老鼠为死敌，认为此时自己很危险，他把此时的身体感受定义为恐惧。

借助应对技能训练，我们可以掌握放松技巧，以应对富有挑战的情景，并使用应对思维去替代自己的焦虑思维。不过，这个训练并不意味着我们能彻底控制焦虑，焦虑感从此消失。只不过通过这个训练，我们可以更自信地面对一切。

应对恐惧技能训练五步骤

以下逐一进行介绍。

1. 放松技能。大家也许已经掌握前面所讲的放松程序：腹式呼吸法、渐进式放松法、纯释放放松法和线索控制式放松法。

2. 应激事件金字塔结构表。为了在生活中应用训练，可以把应激情境做成金字塔结构表或者清单，并按照压力大小从低到高排序。

3. 应对思维。觉得焦虑时我们可能会对自己说：这不可能……这事我办不到……我快要崩溃了……压力太大了……此时，应对思维可以帮我们度过情绪的低谷。

4. 暴露疗法。可以想想金字塔结构表上所列的各种应激情境，感受随之而来的紧张和痛苦，然后试着放松，用应对思维替代压力性思维。当面临真实的场景时，这种练习可以让我们有所准备。

5. 现实生活的应对技能。做完前面四个步骤时，便可以开始将之用于日常的挑战之中。

主要疗效

已有证据表明，在特殊情况下，应对技能训练有助于缓解某些情境下的焦虑情绪，譬如面试、演讲、考试前后。应对技能训练对恐惧症很有疗效，特别是恐高症。长期加以练习，有助于控制特殊焦虑和普通焦虑。研究显示，89%的心脏病患者在练习后可以获得一般性放松效果，79%的患者能够很快入睡并可以享受深度睡眠。

所需时间

一个月就可以掌握这些技巧。做应激事件金字塔结构表仅需要几小时,也可以分几天完成。使用放松程序和应对思维,一周之内就可以成功地将应激事件结构表从头到尾捋一遍。规律练习2~6个月,就会形成习惯。

指导说明

请大家按照下面的步骤练习。

第一步:学会有效地放松

应对技能训练的基本功是放松技能。需要的技能包括:

· 腹式呼吸法(第3堂课)

· 渐进式放松法(第4堂课)

· 纯释放放松法(第7堂课)

· 线索控制式放松法(第7堂课)

· 创造专属空间(第6堂课)

反复学习掌握后,就可以用了,一两分钟之内即可深度放松。如果想运用自如,需要立即开始练习。虽然可以先练习第二步和第三步,但是在逐一掌握这些技能之前,请不要直接跳去练习第三步。

第二步:制作一张应激事件金字塔结构表

选择我们为之感到焦虑的话题,例如参加团体活动、开车、身高、健康、家庭、限期。列出所有可能引发焦虑的事件，尽量只罗列近期可能遭遇的应激情境，包括场景和所涉及的人物。至少列出 20 条内容，从几乎不值一提的身体不适到令人感到恐怖的经历。

在另一张纸的上方，写下我们觉得最不可能触发焦虑的事情。在这张纸的下方，写下会让自己最焦虑的事情。按焦虑的程度从高往低填写。

为了方便起见，可以使用约瑟夫·沃尔普制定的"主观不适感觉单位（简称 SUDS，即 subjective units of distress scale）"。完全放松是 0 SUDS，而压力最高值是 100 SUDS——最大压力。根据自己的主观感受，将 SUDS 分值填到表中各项内容上。

例如，安有恐高症，他感觉最有压力的事情是"坐 5 个小时的飞机去纽约参加女儿的婚礼"，分值是 100 分。他最没有压力的事情是"站在一只矮凳上"，分值是 5 分。"驱车通过一座吊桥"的分值是 70 分，"走到一座天桥"的分值是 45 分。

我们非常了解自己面对压力时的反应，因此必须由我们决定每一个应激事件的主要疗效。以下清单有 20 条事项，以 5 个 SUDS 为一个增量，将所有事项进行划分。

大学生扎克就自己的社交焦虑问题填写了下面的表格。

扎克的应激事件结构表

主题：社交焦虑

SUDS等级	事项
5	在校园里遇到同学，和他们进行眼神交流并朝他们微笑
10	在校园里遇到同学，进行眼神交流，报以微笑并且问好
15	在班里做一个5分钟的简短演讲
20	午休时，和一个同学在餐厅里闲聊几句
25	午休时，和一群同学在餐厅里闲聊几句
30	参加国庆节家庭野餐
35	邀请一个同学和自己一起参加班级活动
40	打电话询问暑假工作之事
45	在课堂上主动回答老师提问
50	与朋友和陌生人一起参加晚会
55	在课堂上提问
60	班级讨论时主动发表自己的见解
65	向一个有魅力的女人目光对接，微笑并问好
70	在餐厅里和一个很有魅力的女人闲聊几句
75	在课堂上作5分钟演示
80	在课堂上作20分钟演示
85	邀请一个很有魅力的女人喝咖啡
90	邀请一个很有魅力的女人吃饭
95	暑期工作面试
100	在朋友的婚礼上担任伴郎，向新娘新郎祝酒

下面是一张空白的应激事件结构表，请复印几份留着备用。

应激事件结构表

主题：_____

SUDS等级	事项

第三步：建立压力应对思维

应对思维有助于消除或者缓解痛苦。明白了情绪反应四要素，才能弄清楚应对思维的工作原理。仍以大学生扎克为例——

1.刺激情境：他正在全班面前做一个5分钟的演讲。

2.生理反应：他不由自主地紧张，这导致他口干、双手冰凉、出冷汗、发抖、胃部难受、喉咙发紧、心跳加快、头晕目眩。

3.行为反应：虽然他很想逃出教室，还是忍住了，演讲时他动作僵硬、声音低沉、语速很快，几乎没人听见他说什么。

4.思维：对上述情况的解释、对自我的评价，以及他对未来的预测，都导致了他的紧张情绪。他对自己说："不行，真的不行……"（预测）；"我紧张坏了……"（自我评价）；"我的大脑一片空白，一句话也说不出来……"（预测）；"大家都看着我，认为我完全是个白痴……"（解释）。

扎克处于极度焦虑中，反应能力也很受限。生理反应的迟滞导致了消极的思维模式，继而反复循环。幸运的是，运用应对思维，恐惧反应不但不会加剧，而且人也会平静下来，去中和高度焦虑的感觉。根据麦凯、戴维斯和范宁的观点，反馈回路如同流水，可以产生正向作用也可以形成反向作用。应对思维会暗示我们的身体：没有必要紧张，放松再放松。在压力来临之前或者期间，我们都可以克服恐惧，比如可以说："深呼吸一下，然后放松……我们以前做演讲都很顺利的啊……镇静下来……感觉有点紧张很正常……没有人会为此小瞧我们……"

越能集中注意力应付演讲时的尴尬和焦虑，就越能感受到战逃反应的放松。

梅肯鲍姆和卡梅隆建议，在以下四种情况下，可以使用压力应对陈述：

1.所要做的事情会引发我们的焦虑，并触发预期的焦虑思维；

2.面对应激情境时有焦虑性思维（这种思维会干扰我们的注意力和冷静程度）；

3.有紧张感或者恐惧感，需要有人提醒自己进行放松；

4.当我们做完让自己感到焦虑的事情之后，应该确认一下自己是否使用应对技能成功应对了应激事件。

压力应对思维范例

我们举例来说明上面的步骤。

1.准备应对

没什么好担心的。

我会顺利过关的。

我之前就做得很棒。

我到底应该怎么做？

我知道我会顺利通过。

一旦开始，一切都会变得容易起来。

投入其中，诸事皆顺。

明天我将会过关。

别想得那么消极。

2.直面应激情境

条理清晰。

按步骤来，切勿莽撞。

我能够胜任这项工作，此刻就在做呢。

尽力而为吧。

紧张可以使我更警觉。

如有需要，定有人助。

如果不想恐惧，便不会害怕。

如果觉得紧张，就深呼吸放松。

犯错也不错。

3. 应对恐惧

现在请放松！

深呼吸即可。

这件事翻篇了。

聚焦于当下和当下的事情。

一切都在掌控之中。

只要有情况，我就可以给_____打电话。

害怕，仅仅是因为我要决定的事情，而不是我未决定的事情。

生活或因此变好，或者糟糕一点，我还和以前一样。

一旦动手做，恐惧感便会逐渐减轻。

4. 强化自己的成功

我做到了！

我做得很对，我做得很好。

下一次我就不会如此担心了。

我可以自己缓解焦虑。

我必须告诉_____。（告诉某人某件事）

我可能不会感到害怕，我的任务就是不要想那些让自己感到害怕的事情。

如何培养自己的压力应对思维

尽管有很多应对思维的模式可以使用，但还是需要找到适合自己的应对模式。可以从以上模式中选择或培养两三种压力应对思维，这将会使我们的身体放松，恢复自信。

· 将结构表上的某项内容具体化。

· 关注自己的感受。

· 焦虑时，聆听内心的语言。

· 填写结构表。

· 逐一检查那些让我们倍感压力的想法，一般来说，这些想法并不完全正确或合理。清点一下那些让我们产生焦虑应对思维的想法，同时问自己以下问题：

1. 我真的能读懂别人的心思吗？

2. 我真的能预见未来吗？

3. 我是不是夸大了事情的后果？

4. 如果恐惧之事已然发生，我需要扛多长时间？

5. 恐惧之事发生的概率有多高？

6. 还有什么事情有可能发生呢？

7. 什么方法可以用来应对可能发生之事（放松技能、恢复自我的方法、我可以求助的人、我可以做的事情、我可以制订的计划）？

例如，大学生扎克进行结构表里某项活动时，感到很苦恼，于是使用上面列出的七个问题去应对自己的焦虑。

· 在校园里遇到同学时跟同学打招呼，并报以微笑。

（同学会觉得我很奇怪，不想和我有任何联系。）

1. 我读不懂别人的想法。

2. 我无法预见未来。

3. 我夸大事实了。事情发展到最后，最坏的后果也不过就是他们不理我或者对我出言不逊。

4. 如果有人对我消极回应，短期内我是能忍受的。

5. 那是不可能的。大部分人都是友善的。他们认为微笑表示友好，会认为我是友好的表示。

6. 大多数人都可能做出积极回应。

7. 如果有人消极回应，也不必理会。可能他心情不是很好，我放宽心就是了。该干什么干什么。我可以对比下，有多少人做出积极回应，有多少人做出消极回应。

· 打电话询问暑假工作。

（太紧张了，大脑一片空白，真怕搞砸了！）

1.（对这种情况不适用）

2. 我想象不到未来是什么样子。

3. 我夸大事实了。此生我从未如此惊慌过。如果事情真的发生了，我会感到抱歉，过后再回电话。

4. 我最多只需忍耐几分钟。

5. 不太可能。我做了充分的准备，也使用了应对技能，并且把所有可能的问题都写了下来，以防忘记。

6. 我做得正好。虽然会出岔子，我也会有点紧张，但大体上我还是会问出自己想要的信息。

7. 整个过程我都很从容。如有需要，我可以事先写个便条以备参考。事情没有做得太完美，也没关系。

· 在课堂上做5分钟演示。

（我手足无措，不知如何是好。）

1.（对这种情况不适用）

2. 我无法预见未来。

3. 我夸大了事实。我不喜欢高度紧张的状态。我以前也做过演示，也顺利通过了。

4. 对于我来说，再焦虑也不会超过 5 分钟。演示结束后坐一会儿就不会那么焦虑了。

5. 我知道自己能够运用技巧掌控焦虑，完成演示。

6. 练习应对技能时，我甚至会爱上演示。

7. 焦虑是告诉我该放松了，呼吸。如有需要，便条就在手边。我想下课以后去打篮球，非常想。

练习

在纸上写下结构表上的第一项内容，然后写下自己的焦虑。

SUDS评分_____ 事项_____

触发焦虑的想法：_____

问题序号 **我的回答**

1.

2.

3.

4.

5.

6.

7.

选择几种压力应对思维模式，填写结构表上的每项内容。选择时，重温一下我们对第七个问题的回答，在最有可能有助于放松的回答旁边画个星号。最有用的压力应对思维模式通常是简洁的、准确的、现实的、可信的和积极的，即使这些思维模式难以排解我们的全部焦虑，也会让我们放松而且自信，让我们相信自己能应对目前的处境。如果还没有找到适合自己的压力应对思维模式，请参考范例。

第四步：暴露疗法

A. 放松 5 分钟或 10 分钟，或者如果觉得确实完全放松了就可以了。这时，简单复习一下下一个情境的应对陈述。

B. 想象我们正在某个情境之中。想象自己在其中看到了什么，听到了什么，身体逐渐紧张，记下此时的感觉。如果感到焦虑，进行步骤 C。

C. 开始应对。当头脑中的画面越来越清晰时，就可以使用应对思维了。此时可以使用线索控制式放松法快速缓解压力。反复复述自己的应对思维并进行放松，同时用一分钟时间想象触发焦虑的情境。

D. 评定焦虑程度，范围为 0（不焦虑）到 10（感到前所未有的焦虑）。当焦虑程度是 1 或者 0，请开始想象下一个情境；如果焦虑程度是 2 或者 2 以上，重复步骤 B 和 C。重温自己的应对思维。如果发现任何思维模式都不管用，返回压力应对陈述总表，尝试一下其他应对思维模式。对于我们来说，自己摸索出的应对思维模式，可能是最管用的。

E. 当打算想象下一个情境时，请保持深呼吸。在我们的专属空间里使用线索控制式放松法，并尽量让自己平静下来。如果这种方法不管用，可以试试渐进式放松法或者纯释放放松法。

一个情境练习完接着进行下一个情境，直到全部完成结构表上的内容。第一阶段的练习，至少每天要坚持 15~20 分钟。如果感到累了，可以推迟练习，直到头脑比较清醒时再练习。每轮练习要掌握结构表中 1~3 项内容，新一轮练习开始之前，复习一下我们已经成功完成的练习，这有助于巩固练习成果。

当我们掌握了结构表上的所有内容时，会更加了解自己身体中哪个部位容易紧张以及为什么紧张，及时发现早期状况。如果能掌握 SUDS 分值最高的那些事项，便可以增加自信，即使情况再糟糕，压力也是可以缓解的。

举例

扎克有社交焦虑问题，他首先放松 10 分钟，然后进行意象曝光应对技能练习。在第一个应激情境（5 SUDS）中，他无法回想起很多细节，根本体会不到焦虑。在练习时需要每一个情境真实生动，所以扎克在第二天上午上课之前，一直在研究当学校的走廊里人来人往时的场景、声音和气味。他闭上眼睛，调动所有的感官，在心里描述那个情境，然后睁开眼睛，对自己遗漏的地方进行补充描述。

当天晚上，他开始重新练习。先进行了 10 分钟的放松，然后练习结构表上的第一项内容。此时，他很容易就进入了情境，不仅喉咙、胸口有些闷，而且胃部也有些不适。这种情况大概持续了 1 分钟，他运用了线索控制式放松法和应对思维。之后，他认为自己的 SUDS 分值为 0。

他使用线索控制式放松法，在自己的专属空间里放松了几分钟，然后练习之后的内容。

有时候在意象无法引发焦虑情绪之前，扎克面对一个情境得想象 6 次或者 6 次以上。他计划早晚各练习 15~20 分钟，平均每天完成三种情境的放松，一周之内练习完表格所有的内容。

第五步：现实生活中的应对技能

压力来临时身体的某些部位便开始紧张，这时就需要自我放松。此时，我们做好了应对的准备，请先复习压力应对思维。记得要鼓励自己直面的勇气，因为实操往往比练习更难，当然受挫是极有可能的。反复练习有助于身体放松和熟练掌握应对思维。一旦身体出现紧张，我们便会自动开始放松，并启动压力应对思维。

扎克正在为第二天上午的面试做准备。他没有担心得整夜睡不着，而是写下了有关面试可能发生的状况以及应对方法。然后，他花了20分钟练习了他认为最有用的应对思维模式。

1. 准备工作

我曾经面试成功过。

我知道这一次如何顺利过关。

我已经做好准备了。

我调整心态好好睡了一觉。

2. 面对压力情境

集中注意力面试。

就算答不上来也没有关系。

努力回答问题，让面试考官感受到我的实力。

3. 直面恐惧

焦虑意味着该放松了。

坚持腹式呼吸，消除紧张感。

结束了面试，我感觉自己很厉害。

4. 强化成功感

我做到了！

我能够成功掌控焦虑。

对于我来说，放松和安静变得更容易了。

我真的放松下来了。

扎克把"深呼吸和消除紧张"的字样贴到电脑显示器顶端，其他提示卡片贴在笔记本扉页、冰箱和汽车遮阳板上。在前去面试的路上，他开始深呼吸并做准备工作。等候面试期间，他继续练习放松，复习了所有的应对攻略。尽管已经做好了准备，但轮到他的时候，他还是有些慌张："这么快就开始了！"他能感觉到心跳得很厉害，胃里一阵翻腾，嘴唇发干。这时他想起了"焦虑意味着我需要放松了"，开始有意识地调整呼吸，集中注意力，下巴、双肩和胃部放松。当面试考官开始问问题时，他反复提醒自己："谈谈我的实力……我可能会焦虑，但我依然可以顺利过关的……"当不知道如何作答时，他头脑一片空白，最后想道："即使不会回答也没有关系……深呼吸和放松。"当一切结束时，他确实感觉到这是一种享受："我做到了！我能够掌控焦虑！"

当他实际进行操作时，最初他总是忘记应对方法，整个人都被吓倒了；最后，他发现操作的关键是以线索控制式放松法和压力应对思维应对紧张和焦虑时刻。慢慢地，他掌握了压力出现的时机，并了解到身体的预警信号，及时开始以方法应对。

特殊注意事项

1. 开始练习时如果难以放松的话，我们可以看一下平时的练习录像。

2. 如果我们难以想象出某个情境的话，可以复习第六堂课

"视觉想象法"。尽量调动身体所有的感官，也可以试着在真实的场景中收集感受，然后记住具体细节。闭上眼睛描述这些场景，然后睁开眼睛，看看是否有遗漏。维持这个状态，再增加声音、纹理、气味和温度，直到构想出一个生动的画面。

3. 如果可以构想出具体的场景，但焦虑程度比较轻，那么我们可能需要先进行一些具有挑战的项目，或者需要在场景中增加一些内容。无论哪种情况，都可能需要我们重新制作金字塔结构表。

4. 如果我们可以清晰地构想要练习的场景，却无法确定紧张的程度，那么就得重新制作结构表，还得重新填写每项内容，那样，我们的痛苦程度便会均匀地递增。

愤怒的预防

The Relaxation & Stress Reduction Workbook

第十五堂课

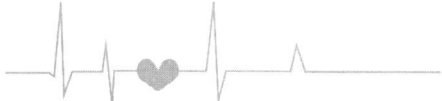

本堂课将学习如下内容：
- 在愤怒的情境下，放松而不紧张
- 以应对思维去预防愤怒
- 运用想象练习新的应对技巧，消除怒气
- 制订具体的愤怒应对计划

各位学员好！今天我们来学习愤怒的预防。

愤怒预防是基于杰里·德芬巴彻（Jerry Deffenbacher）的愤怒管理理念。其理念是，如果在练习期间总是回忆让自己愤怒的情境，将有助于学会回应愤怒的方法。雷蒙德·诺瓦克（Raymond W. Novaco）首次使用了这项技术，他的研究显示这项技术可以有效缓解因愤怒而引发的攻击行为。德芬巴彻等人认可了诺瓦克原始研究结论，并且还指出：如果将放松方法和应对思维结合应用起来，则可以有效掌控愤怒。运用预防愤怒的技能，在察觉激怒征兆时，可以试着以放松的方法让自己平静下来，减少发怒，以此替代激怒思维。这种方法虽然无法阻止我们产生愤怒，却能提供有效的应对策略。由此，我们便更有信心面对愤怒，不至于情绪失控、人际关系陷入僵持状态。

预防愤怒包括四个步骤：

1. 放松技巧。横膈膜呼吸法、渐进式放松法、纯释放放松法、线索控制式放松法和创造专属空间，都有助于放松。

2. 应对思维。应对思维将有助于减缓触发愤怒的扭曲思维。

3. 消除愤怒。回忆五级强度的愤怒的时候，就可以练习放松和认知应对技能。

4.现实生活应对技能。将最有效的应对技能融合到自己的愤怒管理计划中。

主要疗效

诺瓦克、哈泽利斯、德芬巴彻和萨巴德尔等人通过大量的研究已经证明：本节课中的愤怒管理协议可以有效地控制愤怒反应，明显减轻特质愤怒和偶发愤怒情绪。

所需时间

主要的放松技巧需要三四周才能掌握，而应对特定场景下的愤怒只要练习几个小时就可以掌握。我们可视化激怒回忆的愤怒消解过程运用了五级强度，每一级强度包含两个愤怒意象。这个训练要用1~4周时间。每个具体计划的制订可能要花一两个小时的时间。

指导说明

第一步：学习放松

战逃反应是愤怒发作时的常见反应。尽管愤怒思维有可能会激发战逃反应，但是当促发我们愤怒和促使身体出现反应的事情发生时，交感神经系统常常处于高度唤醒的状态，愤怒自然而然地就会产生。一个常见的情况是，经过一天紧张的工作，我们在拥挤的人群中驱车回家时，已然很是头痛，偏偏路上总会遇见几个冒失鬼，令我们神经更加紧张，也许会忍不住咒骂两句。

干预愤怒的一个办法是，练习深度放松技巧，以降低整体交感神经系统兴奋程度。最开始愤怒时，可以试着放松。与其大喊大叫或猛按喇叭，不如做几次腹式呼吸去释放被压抑的情绪。

这门课涵盖了管理愤怒所需要的核心放松技能，以下将按照学习顺序详细介绍这些技能，请大家按照顺序逐一学习。

当我们怒火中烧时，什么方法都不管用。每一种方法都无法"迅速缓解"压力，而只能"稍微缓解"压力。

我们需要学习的技能如下：

· 腹式呼吸法（第三堂课）——迅速缓解
· 渐进式放松法（第四堂课）——一般压力缓解
· 纯释放放松法（第七堂课）——一般压力缓解
· 线索控制式放松法（第七堂课）——迅速缓解
· 创造专属空间（第六堂课）——一般压力缓解

只有掌握或反复学习这些放松技术，才能迅速缓解压力。一般的压力缓解方法可以使我们在两三分钟之内获得深度释放，但需要练习得非常熟练才可以。在我们尚未掌握这些放松技能以前，不要进行第三步——消解愤怒。

第二步：开发愤怒应对思维

我们的思维模式会极大影响愤怒情绪以及预防愤怒的能力。激怒思维的形成源于以下假设：

1. 觉得自己已经受到伤害或牺牲。
2. 觉得别人故意惹恼我们。
3. 认为激怒自己的人不应该伤害自己。

面对压力时，如果认定是别人故意伤害自己，我们就很容易愤怒，而且越这样想就越生气。

什么激起了我们的愤怒

我们之所以被激怒，通常是因为对某些事物有认知误区。

1. 抱怨。我们总是认为，该为自己痛苦负责的是别人，而不是自己，所以我们不停地抱怨别人，完全忘记了自己有能力改变现状，从而陷入束手无策的状态。其实，等待别人帮助自己，不如学会自助。当自己费时费力地抱怨他人种种时，自己真正在意的不过是别人比自己更明白如何过得更好。

2. 夸大事实。我们觉得某些字眼很让人不舒服，简直是糟糕透了。譬如，"厌恶""可怕""吓人"或"恐怖"等字眼都会让我们感到愤怒，因为它们夸大了情境的影响。

3. 大肆宣泄。有时，铺天盖地的宣传会引发我们的愤怒情绪。他们把别人说成废物、一文不值。比如，"窝囊废""怪人""母狗""自私的猪""杂种"等绰号都大肆扭曲了事物本身的形象。

4. 错误认定。看到一件事马上下结论，或者以自己的观点去解读对方。我们觉得别人做什么都是不怀好意，认为自己很懂别人为什么这样做。我们不好意思问对方为什么这样做，因为对方也不会告诉我们。我们只能猜测，但大多数时候我们的猜测都是错误的。

5. 过度一概而论。譬如，"决不""总是""没有人""每个人"，这些过于绝对的字眼都是一概而论。"她总是迟到。""他绝不会来帮忙。"凡事一概而论会让我们将偶然因素视为必然因素，进而导致我们觉得所有一切都无法容忍，会更加愤怒。

6. 颐指气使。更看重自己的需求或喜好，当别人忽略我们的需求或者爱好时，我们觉得他们"其罪可诛"，我们觉得自己有权给别人"定罪"。不过，这也不是什么大问题。很多时候，别人也有自己的行为准则，他们通常也认为我们的准则是错误的。当我们认为他们做错了什么事情时，他们却觉得自己是对的。

应对方法

每一种愤怒行为都可以通过相应的应对思维来缓解。

1. 抱怨

·制订一个应对计划。

·提醒自己，其实很多人都只是在努力满足自己。

举例：

抱怨只会让我增加无助感——我怎么才能改变这种情况呢？

我的应对计划是＿＿＿＿＿＿＿＿＿＿＿＿＿＿＿＿＿＿＿＿。

我很生气，但是我知道他已经尽力了。

他们正在做自己的事情。我也将去做我的事情。

2. 夸大事实

·其实这是一种态度危机（例如，现状虽然让人失望，但是也不是恐怖至极）。

·问问自己情况究竟有多糟糕？

·准确地复述一遍。

·提醒自己从整体上来看，既要注意积极因素，又要注意消极因素。

举例：

总的来看，这其实没什么大不了的。

这就是小事，真没必要大动干戈。

虽然这事让人挺生气的,但下个星期就翻篇了。

3. 大肆宣泄

· 具体事情具体对待。

· 就事论事,别把人与事对等起来。

举例:

让我恼火的事情是_____。

不需丑化事实,只需陈述问题。

一切从实际出发。

没什么大不了的,我不必将他妖魔化。

4. 错误认定

· 提醒自己这只是猜测,其实并不知道对方为什么这样做。

· 找到相应的替代解释。

· 制订计划,然后去验证自己的假设。

举例:

原因可能是这样,但对方也许另有隐情。

发脾气不会有助于问题的解决。我需要看到更多的事实。

这个问题的产生,可能有其他的原因:_____。

5. 过度一概而论

· 修正自己的思维。在我们的头脑中,删去"总是""全部""每一个"和"决不"这些字眼。

· 具体而准确地描述。

· 寻找例外。我们会发现,很多时候人的行为确实和初始动机截然不同。

举例:

我就看事实，我会平静地渡过难关。

发生这种事情的概率有多大？

并不总是发生这种事情，很多时候这样的事情很少发生。

6. 颐指气使

·注重自己的愿望和喜好。不要总是说"应该怎样怎样"，而应该说"我喜欢怎样怎样"。

·发现他人有什么需求，与他/她的行为一致。

举例：

我可能不会达到目的，但这也不算太糟糕。

尽管希望事情不会发生，但发生了我也会渡过难关。

别人总会做自己希望做的事情，而不是按照我们的希望做事。

我当然不想让事情发生，但是没关系我能扛得住。

如果无法形成属于自己的应对思维，也可以参考下面的思维清单。

应对思维清单

·深呼吸并且放松。

·愤怒于事无补。

·只要保持冷静，便可以控制情绪。

·从容应对——发火无济于事。

·我的情绪不会被他影响。

·即便我再生气也改变不了他的想法，只能让自己更心烦。

·我可以冷静表达自己的看法。

·保持冷静。不要嘲讽对方，也不要攻击对方。

·我可以做到平静并且身心轻盈。

- 身心放松。顺其自然。没有必要发火。
- 没有对错，只有利益取舍。
- 保持冷静，不作评判。
- 不管怎么说，我觉得自己都是个好人。
- 我会保持理智，生气解决不了任何问题。
- 别人生气跟我没关系，我依然冷静从容，我能够控制情绪。
- 别人的看法并不重要。我不会情绪失控的。
- 我的底线是情绪在我的掌控之中。与其生气地说些气话、做些蠢事，不如离开。
- 离开此地冷静一下，然后再回来处理问题。
- 有时候并没有好的解决方案，比如现在这种情况。强按驴子饮水也无济于事。
- 愤怒是日积月累而成的，所以只要有怒气就要缓解。
- 尽管怒火中烧，但是我还是能在关键时候把握分寸，这就是进步。
- 愤怒，意味着需要放松和调整身心了。
- 想惹我生气的人注定会失望。
- 我无法让别人按照我的意思做事。
- 不必太当回事儿。
- 这件事如果从这个角度看，岂不太荒谬了。

第三步：消解愤怒

请在纸上写下五个让我们愤怒的场景，并在每个场景下写下这几项内容：

1. 我们的激怒思维。

2. 我们的认知误区。

3. 应对认知误区的逆反应计划（见前面课程关于应对思维的论述）。

4. 确定一个或几个有用的应对思维——包括修正激怒思维，使之变得更加准确。

举例

40岁的南希是学校教师，她列举了让她愤怒的几个场景。

场景1：吕贝卡刚要坐到椅子上，朱利安就抽去了椅子，导致吕贝卡摔倒在地上。

激怒思维："他总是这样，真是个浑小子。"

认知误区：过度一概而论，大肆宣泄。

应对计划：停止使用"总是"这个字眼，就事论事；寻找相反的情况；强调行为本身，而不是惹事孩子本身。

修正后的应对思维："朱利安可能每天都会惹麻烦，但他不会伤人，其实他对那个患有大脑性麻痹的男孩非常好，我不会让他再给我惹麻烦。"

场景2：我已连续两周被分配到庭院做值日了。

激怒思维："因为我任劳任怨，他们总是欺负我，真是忍无可忍。"

认知误区：过度一概而论，错误认定、抱怨、夸大事实。

反对计划：停止使用"总是"这个字眼；就事论事；找到替代解释：这个工作到底有多糟糕？

修正的应对思维："一年里只有这么两次连着值日，其他同事也会遇到这种情况。也许是因为有同事请假，明显人手不够，才需要连着值日的。我只是发发牢骚。"

场景3：比尔晚上出去玩纸牌了，把碗留在洗碗池里。

激怒思维："真是猪脑子啊，出去玩也不把活干完了再走。"

认知误区：大肆宣泄，颐指气使。

应对计划：关注行为，而不是人；不要说"应该怎样怎样"。

修正后的应对思维："比尔有时候会忘记答应过的事情。我虽不希望他不刷碗就出去玩，但也没什么大不了的。他玩完回来洗也可以的。"

下面是应对思维的工作表，请多复印几份备用。在任何情况下，我们都可以按照步骤去建立自己的应对思维。

应对思维工作表

1. 我的激怒思维：

   a. _____

   b. _____

   c. _____

2. 潜伏在我的激怒思维下面的认知误区：

   a. _____

   b. _____

   c. _____

3. 逆反应计划（例如，寻找例外、可以替代的解释、喜好而非应该等等），根据各个逆反应计划所修正的思维模式。

   a. 逆反应计划：_____

   经过修正的思维模式：_____

   b. 逆反应计划：_____

   经过修正的思维模式：_____

   c. 逆反应计划：_____

   经过修正的思维模式：_____

4. 选定修正后的应对思维（请参见本堂课前面列出的应对思维概括清单）。

   a. _____

   b. _____

   c. _____

可视化我们的愤怒场景

现在应该练习我们学到的应对技能了（放松和愤怒应对思维），让我们从十个典型的愤怒事件开始。

我们使用以愤怒单元 CAU3 的量表为名，来制作一个结构表，表现愤怒逐渐加剧的场景。100 AU 表示程度最高的愤怒，0 AU 表示没有发怒。（见下页）

描述愤怒场景时，应描述具体的场景、哪些话语或者行为激发了我们的愤怒，还需描述自己的激怒思维、感情和生理反应。以南希从中度到高度的愤怒场景为例：

"校长正在主持教职员工会议。她满怀歉意地宣布我明年得换教室，而新教室只有储藏室那么大。我在想，她让我换教室只是因为我不肯上示范阅读课。我怒火中烧，气得胃疼。真是让人生气，我想跟她理论，不过话到嘴边又咽下了。"

愤怒场景结构表

轻度到中度（40~50 AU）

场景1：_____

场景2：_____

中度（50~60 AU）

场景1：_____

场景2：_____

中度到高度（60~75 AU）

场景1：_____

场景2：_____

高度（75~80 AU）

场景1：_____

场景2：_____

极度（85~100 AU）

场景1：_____

场景2：_____

用于轻度到中度和中度愤怒场景的愤怒消解方法

1. 制作一个应对思维工作表。在想象各个场景之前，想出若干应对策略。

2. 使用线索控制式放松法和创造专属空间做个放松练习。如果感觉某个部位还是有些紧张，可以试一试渐进式肌肉放松法或纯释放放松法。

3. 一旦放松下来，请尽情想象轻度到中度愤怒的第一个愤怒场景，尽量想象细节，也可以强化自己的愤怒反应。请停留在此刻30秒钟，情绪尽量饱满。

4. 现在，忘掉这个场景，再次试着放松。停留在这种状态，直到情绪恢复平静（恢复到0 AU）。

5. 接着想象第二个愤怒场景（轻度到中度愤怒程度），过程同上。

6. 两个场景反复交替练习，每个场景练习四到六次。在几天以后，进行第二个回合的练习。

7. 现在，继续想象两个中度愤怒场景。

用于中度到高度再到极度愤怒场景的愤怒消解方法

处理这些较高程度的愤怒场景，方法上需要一个重大改变。30秒后，不是忘掉愤怒的场景开始应对，而是当我们在继续想象愤怒场景时开始应对。边练习线索控制式放松法，边释放身体的压力时，也要保持这个激怒意象。当使用新的应对思维或者修正过的触发思维方式时，需要维持这个意象，保持这个过程，直到情绪完全平稳（0 AU）。

当情绪完全平稳到0 AU以后，忘掉愤怒场景，做几次线索控制呼吸。然后开始想象第二个场景，在每个场景之间来回切换四到六次，但每次切换场景，情绪都要 0 AU 才行。最好做两轮练习。

一次做两件事不容易，但是通过以上练习，我们就能做到。

举例

再次回到南希的案例。南希被换到一个面积很小的教室里。她注意到自己某个部位紧张，开始使用技巧放松。现在，她想象教职工会议上的场景，想起校长说话时的表情。她回想起当时教室里很热，自己浑身也发热。她心想："这条母狗。"她觉得是因为自己拒绝了上示范课才会被分配到小教室。

现在，南希感觉很生气、很恼火，认为这次教室分配是校长在故意打击报复自己。当南希感觉到自己的愤怒达到中度到高度时，她便开始做线索控制呼吸，并告诉自己：校长曾经帮助过自己。同时她也有些失望，因为教室变小了，她的学生数量可能也少了。当南希注意到自己总是想校长那假惺惺的微笑时，她提醒自己："生气没有用，要保持冷静。"她又做了几次线索控制呼吸。

当怒气完全平息下来时，南希关闭了这个想象中的场景。现在她开始想象第二个中度到高度的愤怒场景，又回到记忆中的约塞米蒂国家公园草地上。南希在两个场景之间切换了四至六次。

第四步：在现实生活中应对愤怒

尽管无法制定练习日程表，但可以事先做好准备工作。使用线索控制式放松法和应对思维干预得越早，就越有可能控制愤怒。

如果能预计到自己即将发怒，请事先准备好应对策略，并同时运用线索控制式放松法。借助练习，很容易将这些变成自主行为。假如忘记使用应对技能，或者在使用的过程中很快就放弃，就应该再次练习。

除了以上这些方法，我们还有什么方法应对难关吗？

我们的愤怒应对计划

为了防止出现忘记运用新技巧的情况，请制订一个书面愤怒应对计划。（见下页）

特殊注意事项

1. 如果难以遵循放松协议，我们最好能够记下自己习惯的放松方式，并照此进行练习。

2. 如果难以想象出某个让我们愤怒的场景，可以多多调动感官印象，比听觉、味觉或者触觉。

3. 如果可以清楚地想象一个场景，但是这个场景无法让自己感到愤怒，即需要想象一个更能让自己愤怒的场景。

4. 如果对引起不必要痛苦的非理性思维感兴趣，请参阅第十二堂课"驳斥非理性观念"。

愤怒应对计划工作表

突发事件:

激怒思维:

愤怒扭曲:

应对思维/矫正扭曲:

放松策略(检查身体紧张情况?使用暗示控制呼吸法?采用腹式呼吸法?):

应对行为(数到10?找个借口脱身?提出一个折中建议?证实两种观点?):

目标设定和时间管理

The Relaxation & Stress Reduction Workbook

第十六堂课

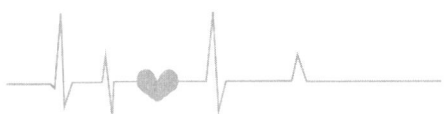

本堂课将学习如下内容：
- 理解执行多重任务的局限性
- 阐明价值，确定目标，制定目标和计划
- 评估目前的时间管理方法
- 重新安排时间，以适应优先考虑事宜
- 杜绝拖拉延误
- 使用捷径进行时间管理

各位学员好！今天我们来学习目标设定和时间管理。

大多数人提到时间管理这个主题时，多半会提出这样的问题："如何用较少的时间做较多的事情？"我们可能很想知道如何将我们在前面讲述的一些练习，列入自己满满的日程里。平日里，我们可能需要照顾家人、打理生活中的琐碎，却很少有时间可供自己支配，也没时间做自己喜欢做的事情。在时间管理上，我们总是处于一种无序状态：
- 永远忙个不停
- 经常拖延
- 工作效率低、精力不济
- 屡屡受挫
- 毫无耐心
- 总是犹豫不决
- 难以设定目标并达到目标
- 没有目标
- 任务多，不出活

时间给予每个人的都是一天 24 小时，但有些人忙得团团转，另一些人却在忙完工作后还能享受生活。为什么会差别这么大呢？这是因为有些人会有效管理时间，他们把时间和精力都花在最重要的事情上，很少把时间浪费在没有价值的事情上。他们知道自己不需要事事亲力亲为，要过少而精的生活。

关于时间管理，另一个重要的问题就是平衡。有效管理时间可以减少生活的压力，尤其当我们以此来掌握生活的平衡会特别奏效。

多重任务的局限性

人们常常认为可以用多种方式完成工作，比如发邮件、打电话、发短信和敲打电脑，而很多人也为能同时做多种工作而感到自豪，在 2004 年 12 月版的《科学美国人》杂志上，克劳斯·曼哈特在《多重工作的局限性》一文曾指出："45％的美国工人认为，雇主都要求他们同时完成大量的工作。"

科学家分别绘制了大脑在执行单项任务和两项任务时的活动情况，以此测试大脑同时做两件事的能力。他们发现，当人们试图同时做两项工作时，大脑活动量降低了。也就是说，当大脑必须同时处理两项工作时，任何一项工作都做不好。

"同时做多个工作将会使效率降低，浪费时间，差错率大大增加。"密歇根大学一位认知科学家戴维·迈耶说，这一说法在处理或分析综合信息或者学习新信息时得到了验证。

在 2004 年出版的《全心投入的力量》一书里，作者舒瓦茨和洛赫尔讨论了在超负荷年代里平衡的重要性："无论是迎接工作上的挑战、管理团队、与所爱的人在一起，还是纯粹找乐子，能够忘我地沉浸其中,这才是全心投入。"

当处于以下几种情况时,我们真的觉得自己很有效率吗?

· 边开车,边打电话。

· 边跟重要客户打电话,边看电子邮件。

· 边操作圆锯,边做旅行攻略。

· 边开会,边用手机回复消息。

· 准备一个重要报告或者做重要决定时,不介意被打断。

通常在做约定俗成的或按部就班的工作时,是可以同时做多个工作的。但是在有些情况下,人是无法同时做几件事情的。比如,学习新知识,执行复杂的任务,或者做出重要的决定。时间管理的关键是设置优先顺序,把注意力集中在首要完成的任务上。此时,我们需要知道自己在何时精力最为充沛,以便在这个时间段做重要的规划或工作,比如做计划、写作、主持会议、学习新技能或新内容。而在精力不是很好的时候,则可以收发电子邮件或照顾花花草草。

二八定律

如果觉得所有的事情都很重要,没有时间去做自己喜欢做的事情,不妨考虑一下二八定律。意大利经济学家维弗雷多·帕里托说,80%的成果来自20%的努力,换句话说,80%的努力只能创造20%的价值。无论是理论研究还是客观现实都反复证明了这一点。比如,一份报纸大约有20%的内容值得阅读,其他的大概浏览一下就好;80%的邮件是垃圾邮件,根本不需要看,需要回复的邮件中只有20%的需要立即回复;80%的家务活不需要马上做,只有20%的家务活需要马上做,因为不做家里就没法住了。

2007年，在一篇题为"在我们没有时间时，请管理自己的时间"的文章中，巴里·J.伊萨克列举出了有效时间管理的方法：

1. 精力投放在需优先处理的事情上。
2. 要主动管理时间，而不是被动应对。
3. 制订每日计划。
4. 制定工作日程表。
5. 按照时间和精力安排适当的任务。
6. 切勿拖延。
7. 不要追求完美。

主要疗效

有效地管理时间，可以有效缓解最终期限焦虑、做事抓不住重点、拖拉、工作疲劳等问题。

所需时间

可以先花点时间弄清楚对于自己来说最重要的事情是什么，当头脑中闪过其他念头时，可以将自己拉回重要的事情上来。用几个小时确定目标，然后花一个小时制订行动计划，至少花三天时间去完成这个计划。

评估时间使用方式，比如优先顺序和目标，至少要花几个小时。然后制定改变的方法，以便使理想和目标实现。最开始，为了更有效地安排一周的时间，可以提醒自己克服拖拉的习惯。不过，我们也许需要有意识地练习几个月，才能让这些技能内化成习惯。如果这一过程需要花很长时间，不妨告诉自己：现在的投入是为了将来更大程度的自由。

指导说明

本堂课我们需要完成六项任务：

1. 阐明自己的价值观。

2. 制定目标。

3. 制订行动计划。

4. 评估我们是如何使用时间的。

5. 克服拖拉的习惯。

6. 安排自己的时间。

因为每一步骤都建立在前一个步骤之上，因此必须按步骤进行。

阐明自己的价值观

时间管理的第一步是，问问自己内心深处最有价值的东西是什么，最想要什么。事业、健康、住所、家庭、精神、财务、闲暇、学习、创造力、幸福、心灵平和、人际交往，通常是我们最为看重的。明白这一点，生活便有了方向，而我们也可以将大部分时间和精力都用在有价值的事情上。检查下自己的优先顺序，我们就知道怎么做出决定了。

鉴别出优先级别最高的事情

下面有两个简单的练习，我们可以单独练习，也可以和家人或朋友共同练习。这些方法有助于区分事情的优先级别。

1.闭上双眼，深呼吸，让自己放松下来。想象身处一个自己喜欢的地方，想象自己漫长的人生。最让自己感到开心的事情是什么？最引以为豪或所拥有的事物是什么？将答案写在下面，或者写在一张纸上。

_____

_____

2.让自己放松下来，再次想象自己身处一个身心愉悦之地。虽然刚刚得知自己患了一种罕见的疾病，无任何不适感，但是半年之内自己将离开人世。在生命的最后阶段，自己想体验什么、改变什么、做什么、完成什么目标和拥有什么？将答案写在下面，或者纸上。

_____

_____

对比一下两组答案。答案是不是很不一样。对于大多数人来说，如果身患致命疾病，都会改变优先顺序。重要的事情变得无关紧要，曾被忽略的事情则被赋予了新的意义。

按价值观排序

下面是一位正在工作的单身母亲爱丽丝按照重要性顺序列出的价值观清单。

1.家庭	5.舒适的家
2.财务保障	6.朋友
3.健康	7.旅行
4.创造力	8.诚实

老板让爱丽丝在尚未完成的设计图上签字，爱丽丝感到很为难，于是拒绝了。是向政府管理机构报告公司的违规行为，还是继续沉默避免被报复，她有些犹豫不定。她查看了自己的价值观清单，发现不说实话意味着不诚实，尽管诚实很重要，却是她价值清单上优先级别最低的，而工作是她最看重的，因为通过工作她可以实现自己的其他价值。想清楚了这一点，她不再自责。跳槽到另一家公司后，她才开始检举她前老板的不轨行为。使用优先级，她成功做出了选择，避免生活受到影响。

现在，列出我们的价值观优先级别。仅使用一个词描述我们的每个价值选项。

1.	5.
2.	6.
3.	7.
4.	8.

制定目标

时间管理的第二步是制定目标，目标是我们最想拥有的事物、经验、品质和原则。目标需要真实而具体，是我们期望得到的东西，而时间和资源相对来说是有限的。例如，我们希望成为赛车冠军，那么目标也许是三年之内第一个冲过印第安纳波利斯500大赛的终点线。为了使自己的生活更接近最有价值的目标，需要在价值清单的基础上确定目标。

设计有效目标

设计有效目标时，需要问自己五个关键问题：

1. 我们真的想为这个目标花费大量时间和精力吗？或者只不过想玩玩却不想努力？比如，很多人愿意周游世界，却不愿意为此存钱。

2. 这个目标与我们的最高价值选项相符吗？无法实现目标的一个原因可能是它与我们的最高价值选项不符。如果我们看重教育，我们的目标应该是来年读完大学，但优先级别最高的事项是家庭和结交朋友，那么我们可能希望花更多的时间完成学业，那样便可以兼顾家人和朋友。

3. 这个目标是可以达到的吗？目标要具体，由此我们可以清楚知道自己所需的时间。并且，要弄清楚是否可以在规定时间内完成目标，资源是否足够。不要说我们希望"拿到一笔丰厚的收入就退休"，而是要确定一个退休日期，在这个期限内确实可以拿到一笔钱，并可以存下来以维持退休后的生活。请注意，随着信息的增多，我们可以随时修改自己的目标。

4. 这是一个积极的目标吗？切勿制定一个消极目标。比如，为了减肥，不会为此过度节食，而是为自己制定正向的目标——每天吃三顿合理的营养餐。

5. 我们的目标和生活冲突吗？我们的目标需要事业和财务的支持吗？是不是所有的目标与健康、人际关系或乐趣都无关？失去平衡，就会产生压力。如果整天坐在电脑前工作，一个有效而且可行的短期目标，也许就是经常和朋友一起去做做户外运动。

平衡我们的目标

我们的短期、中期和长期目标一样多吗？有的人梦想着退休后过自己喜欢的生活，有些人则享受当下，但每每快要达到目标时便会遇到障碍，无法获得对生活的满意。将短期、中期和长期目标相匹配，可以提高我们对当下生活的满意度，同时可以给我们带来目标感，将生活往前推进。

于我们而言，短期目标和中期目标、长期目标一致吗？如果我们希望耄耋之年和老友漫游，那么在短期目标和中期目标中，必然得有保持身体健康、培育友情、存下旅费等内容。

我们会定期重新评估自己的目标以便确定是否需要修改。当我们以目标为导向而努力时，我们的视野和知识面得以更新。权衡自己的目标，包括使目标适应变化。生活都是瞬息万变的，我们需要灵活地让自己有时间去思考和更新目标。

从下面的这个例子中，我们可以看出41岁的电子公司经理艾瑞克是如何使用价值表设定目标的。

首先，他写出自己的价值观清单。

1. 家庭：享受家庭带来的快乐，担当养家的责任，照顾家人。
2. 健康：保持健康，争取活到80岁。
3. 财务保障：拥有足够的金钱，可以满足养家、休闲、旅行梦想和退休生活之需。
4. 事业有成：争取成为公司副总裁。
5. 亲近自然：每年花些时间到荒无人烟的地方探险，多了解动物的习性。
6. 朋友：享受友情，和他们享受快乐的时光，朋友有难时出手援助。

7. 精神支柱：与更高的精神力量保持联系，也为子女提供这样的机会。

8. 旅行：当有足够的时间和金钱时，我会尽量多到国外走走看看。

9. 交际：做人坦荡，别人也会坦诚待我。

10. 自我：不断反思生活，调整关注点。

下面是艾里克根据自己的价值观清单制定的目标。

长期目标（五年以上）：

1. 依山傍水，像儿时一样消夏。

2. 经常锻炼、节食、休息，使身体保持最佳状态。

3. 抚养三个孩子，为他们提供教育保证。

4. 存够钱，在55岁退休。定居湖边，没事外出旅行。

5. 出版一本有关徒步旅行的书。

中期目标：

1. 四年之内升为公司副总裁。

2. 两年之内买新房，迎接家中新成员。

3. 上班途中听个人投资理财计划音频。

4. 一年半之内，和朋友一起去消失的海岸线。

短期目标：

1. 下个月挑一个周末与伙伴去露营。

2. 从本周四开始制订每周一次的家庭之夜计划。

3. 每周至少与朋友共度一个有趣的夜晚。

4. 一周慢走三次，每月至少与家人和朋友来一次徒步旅行。

5. 下班之前做 15 分钟冥想。

6. 压力来临时，记住做几次深呼吸，让肌肉放松。

7. 每个季度至少进行一周的休整。与家人、朋友，或者独自进行徒步旅行。

在每个优先考虑的事项之下，设定一个或几个特定目标。

1. 我们的长期目标（需要五年以上时间完成的目标）。

_____

_____

2. 我们的中期目标（需要一到五年时间完成的目标）。

_____

_____

3. 我们的短期目标（需要一周以上、但不超过一年的时间才能完成的目标）。

_____

_____

实施行动计划

第三步是确定达成目标所采取的具体步骤。目标无法达成的常见原因是没有一个详细的行动计划。这个行动计划可以详细阐明如何从现在一步步接近目标。缺失行动计划的目标看起来会太模糊、太遥远，我们不知道此刻应该做什么，最终目标只能成为梦想。

一个有效的行动计划包括以下几个要素：

· 思虑周全的具体目标。

· 所需资源以及获得这些资源的办法。

- 必要的步骤。

- 流程监控。

- 导致延误的可能原因，以及应对策略。

- 奖励机制。

如果觉得无法制订出行动计划，可以试试下面的方法。

1. 想象我们已经达成了目标。这时，我们感觉到了什么？想干点什么？周围的人如何看待我们？一旦我们的头脑中有了做事的清晰图景，而且为此身心愉悦，便会开始努力去实现。问问自己如何一步步接近目标。请注意自己使用了哪些可用资源。我们是否需要学习新技能？我们是需要借助外部力量还是靠自己就可以完成？完成目标需要多长时间？我们如何处理前进路上的障碍，譬如恐惧和借口，以及其他人的打扰，等等。我们是如何激励自己继续前进的？在大脑中回放整个过程并记录下来。

汤姆的目标是争取创作课成绩能够得 A，为此他想象教授给自己的文章打了个 A，在体验了快乐、激动和接受了想象中的祝福以后，他便开始回想自己为达成目标所采取的步骤。以下是汤姆制定的步骤清单。

a. 独自散步，构思题材。

b. 散步时，我灵感突来，计划写一篇在阿拉斯加钓鲑鱼的短篇小说。我去年夏天曾钓过鲑鱼，我慢慢回忆，于是有了写作的欲望。

c. 拟订提纲。

d. 写出草稿。

e. 反复阅读、修改，使文章更有文采。

f. 朋友看到我的文章倍加赞赏，这给我了极大的鼓励。

g. 我又看了一遍文章，并按照朋友的部分建议进行了修改。

h. 完成终稿。

i. 按时交上文章。

思考了自己的计划之后，汤姆意识到他忽略了一个很重要的环节，即他做什么事都容易受家人和朋友影响。于是，他决定一旦写完初稿，就休整几天作为对自己的奖励。然后他再次开启想象如何完成目标。

2. 头脑风暴。制订行动计划的第二个方法是，在一张纸上列出自己的目标，然后问问自己如何达成目标。结束之后，再写下整个过程。

安吉拉打算制订一个有氧锻炼计划。她问了自己几个问题。

· 我为什么想锻炼？

我想让自己看起来健康、匀称、苗条、有力量感。我的长期目标之一是健康步入晚年。

· 要想达到预期结果，需要保持怎样的运动频率、练多久？

这个问题需要多了解关于有氧锻炼的知识才能回答。我可以让朋友聊聊自己的健身经历，也可以看书了解。

我打算开始时慢一些，然后慢慢增加强度和锻炼时间。当身体状态更好时，再制定更具挑战性的目标。

· 我喜欢哪一种锻炼方法？我可以选择哪些项目，并且坚持下去？

散步、游泳、慢跑、骑自行车、跳有氧健身操，都是不错的锻炼项目。

· 为了安全地锻炼和自由地支配时间，我需要买什么？

不需要自驾车和考虑交通问题的锻炼方法是首选。（那样就排除了游泳和骑自行车！）我家房子附近有安全围栏，我有一台电脑，健身的衣服都不缺，我只需要买一张有氧健身操视频软件和鞋。

·我应该买哪一种健身视频软件？

我可以问问朋友，或者租一些视频软件，看看自己最喜欢的类型，然后去买自己最喜欢的。

·我应该买什么样的鞋子？到什么地方可以买到？

去当地的体育商店，向售货员寻求帮助，也可以问问朋友们的意见。

·我什么时间锻炼？

下班回家后立即锻炼。

·我如何激励自己坚持这个计划？

我可以和一个朋友一起慢跑，还可以参加本地的赛跑。进行规律锻炼一段时间后，我可以看看自己的形象到底有多大改善。如果有改善，可以适当奖励自己，比如买套新运动服，买几张视频软件。即使天气不好或者外面天黑，我也可以在家里跳有氧健身操，因为这种方式真的让人非常享受。

·我如何监督自己的进展？

我能感觉到自己的进步，每隔一周我就和斯泰茵一起查看一下日历上的金星。斯泰茵知道我为目标而做的努力，也非常支持我。

安吉拉浏览并整合了自己的答案以后，开始制订出自己的行动计划：

1. 确定具体锻炼目标，并且牢记目标。

2. 多读一些关于有氧锻炼的书，找到适合自己的锻炼频率和时间长度。

3. 与朋友讨论关于慢跑、合适的鞋子、有氧健身操视频的事情。

4. 找一个伙伴。（这个步骤可选可不选。）

5. 买一双适合的、舒适的鞋子。

6. 先租赁或借用一些有氧锻炼视频试看。

7. 买一些自己喜爱的有氧锻炼视频。

8. 下班后慢跑或跟着视频跳有氧健身操。

9. 每次健身都在日历上画一颗金星，以督促自己。我会把这个日历挂在厨房里。因为我每天都要查看。

10. 和斯泰茵一起评估我的进步。

11. 奖励自己一套新运动服，参加当地的赛跑，购买一些新视频。我真的感觉很棒！

评价进度

监督进度是行动计划的一部分，可以每隔两周与朋友一起看一下自己离目标还有多远。这个朋友应该是可以理解并支持自己的人，可以帮忙提出合理化建议，还可以在我们敷衍了事时进行指正。

我们评价进度时，应该看到积极的成果，以此作为激励前行的动力。养成新习惯可能要花三个月时间。

如果看不到积极的成果，或者发现自己总找借口不锻炼，也不要过分难为自己，重新评价一下自己的目标即可。这是我们真正想要的吗？如果不是，请修正。如果这是我们想做到的，请想想怎么修改计划，以便可以朝着目标开始迈进。

评估自己的时间安排

我们可以每天随时记录，不必一定要等到晚上再试图回想一天中每件事我们花了多长时间。大多数人都喜欢粗略估计一下每件事所花费的时间，但往往会忘记那些突如其来的计划外活动。

假如希望了解自己是否有新的变化，一天中在哪一刻头脑最清醒，就需要每隔一个小时去做记录，记录每件事所花费的时间。如果做不到，至少要在午饭和晚饭之后、就寝之前，记下所做活动花费的时间。所有活动花费的时间应该接近我们醒着的时间总和。

至少需要记录三天的活动和时间。工作活动包括：收发电邮、回复即时消息、打电话、社交、开会、执行多重任务、优先级比较低的工作、注重产出性工作、吃饭和／或电话会议。与工作无关的典型活动是：打理个人卫生、梳妆、着装、做饭吃饭、午睡、白日做梦、照看和养育孩子、购物、做家务和维修保养、人际交往、出差旅行、私人电话、面对面聊天、看电视、做喜欢的事情或阅读，特别是体育活动、锻炼和其他娱乐消遣。可以根据需要修改或添加适合自己的活动类别。

请谨记，设计这篇时间日志的目的是为了让我们知道自己使用时间的方式，以便在做事之前理智选择，是打算多花还是少花一些时间。

广播电台公共事务访谈人萨曼塔，用了三天时间做了以下记录。

在下面的时间日志模板后面，我们会发现萨曼塔在第一天所做的记录。

时间日志模板

活动内容	所用时间
从醒来到午饭	
从午饭后到晚饭	
从晚饭后到就寝	

萨曼塔的时间日志

活动内容	所用时间
从醒来到午饭	
躺在床上准备起床	20分钟
淋浴	20分钟
梳洗和穿衣	25分钟
做早饭	5分钟
吃早饭和看报纸	10分钟
与（家人）打电话	10分钟
去上班并在途中收听新闻	45分钟
（10分钟以后）员工晨会	40分钟
日常例行工作——收阅和回复以下文牍：	60分钟
电话留言、电子邮件、书面备忘录，信件	
白日做梦	5分钟
与（朋友）交往	15分钟
（15分钟以后）开会	45分钟
产出性工作（准备采访）	40分钟
（15分钟以后）与朋友共进午餐	75分钟
从午饭后到晚饭	
产出性工作（准备）	95分钟
与（朋友）通电话	5分钟
白日做梦	10分钟
低优先级工作（帮助同事）	65分钟
与同事交往	15分钟
（与工作有关的）电话	30分钟
下班并在途中收听新闻	45分钟
购物	40分钟
信件	10分钟
（私人）电话	25分钟
邻居串门	20分钟
（工作）电话	30分钟
一边收听电视新闻一边做饭	60分钟
吃饭	20分钟
晚饭后到就寝	
打扫厨房	15分钟
（私人）电话	10分钟
看电视（纪录片）	60分钟
看小说	25分钟
（30分钟以后）熄灯	

评估我们的时间日志

现在我们已经弄清楚了支配时间的方式，请将自己记录的情况与原先设定的优先顺序进行比较。通过比较进行调整，使自己的当前日程表与自己的价值观和目标接近。可以在比较的同时问问自己：

1.时间日志上的哪些活动与自己的价值观和目标一致？

在这些活动上标记星号。

萨曼塔在"看报纸"和"听新闻"上画了个星号，因为这些活动在她心里优先级别比较高。她还在"准备采访工作的产出性时间"上画了星号，因为这是最能表现她的自身价值的事情。她在"（私人）电话"这一项上也画了一颗星，因为花些时间与朋友共处是在她的优先级别之中。

2.时间日志上的哪些活动与自己的价值观和目标不一致？

在这些活动上画圈。

萨曼塔惊讶地发现，一天之中她花费了 3 小时零 10 分钟做饭、吃饭和洗碗。她觉得花两小时接打工作电话、收阅和回复电子邮件与短信太浪费时间了，早晨赖床和洗澡时间太长了，足足半个小时。她承认，接打电话和社交妨碍了自己计划的完成。当她分析了自己的工作模式，发现她最有效率的时段是中午，但这个时间她却在吃午餐。

浏览一下清单上画圈的事项，写写我们如何重新调整日程安排，减少甚至取消优先级别比较低的活动。

3.时间日志上的哪项活动与我们的价值取向相悖？

在这些活动上画上一个×。

与自身价值观相悖的活动会让我们感到内疚、羞愧、焦虑、压抑、怨恨或疲惫。萨曼塔喜欢拖延,这与希望成为一个成功的电台记者的价值取向背道而驰。每次迟到,她既手忙脚乱又羞愧尴尬。

浏览一下自己画×的那些项目,写下调整对策。

4.我们的某些价值取向和目标会受到怠慢或忽视吗?

生活的平衡需要的就是这些被忽视的东西。另一方面,这些被忽视的价值取向,可能在我们心目中的优先级别比较低。

萨曼塔注意到,朋友、家人和健康在她心里优先级别比较高,但是她却很少在这些事情上投入时间。除了简短的电话以外,她从未与自己的家人促膝长谈过。父母和姐妹住在另一个州,她最近刚去看过他们。她觉得这样简单的联系还可以接受。她确实愿意多花一些时间与朋友们在一起,更想保持健康。久坐不动、不好的饮食习惯,都导致她体重增加。

写下自己的调整对策。

萨曼塔决定,在自己的时间分配方面做如下改变:

①吃不需要烹饪的速食早餐。

②低优先级活动来临时,先做优先级别比较高的事情。

③收阅和回复电子邮件的时间减为一天两次。

④把午饭时间限制到一小时之内,并且推迟吃饭时间,有效利用最有效率的时间。

⑤晚饭吃简单点,半小时之内搞定。

⑥工作电话限制在10分钟之内。

⑦从书面信件中提取"务必知道"和"务必回复"的信息。

⑧按时就寝。

⑨设置闹铃起床,并把洗澡时间限制在10分钟之内。

⑩每周抽出四个晚上,和朋友一起健身。

不可能每天都只做和目标相吻合的事情,但是假如我们每个星期甚至每个月都能规划好自己的时间,便可以使自己的日常活动与生活目标趋于接近。继续运用在本堂课前面学到的方法,清楚自己的目标,从而制订相应的计划。

克服拖延的习惯

有效管理时间的第五步是凡事不要拖延。做事拖延可能是因为我们正在回避不愉快的事情,这件事是什么呢?将这件事与自己的价值观对比一下。这件事情和自己的优先等级相背离吗?如果相背离,我们是否打算不做这件事了呢?我们打算采取什么措施改变呢?如果正在回避和自己目标有关的事情,请复习制定有效目标的那部分内容;如果无从下手,可以制订一个行动计划;如果仅仅需要更有条理地做事,请参阅本堂课中的第六步,即最后一个步骤,学习如何安排时间。

当意识到自己正在磨蹭时,请参阅下面10条补充建议。

1.不要担心。对于不想去做的无关紧要的琐事,只要知道自己实际做的时间，就明白担心的时间也许比做的时间要多很多。

  2．从小事做起。一旦开始做事，就会发现并没有想象的那么糟糕。试着做一件与生活相关的小事，例如，我们非常不喜欢修剪草坪，但又不得不去，应尽量去较远的地方给除草机加满油，再把它推到草坪边上。

  3．计算成本。先在纸上写下所有让自己不爽的因素，然后再在另外一张纸上写下拖延搪塞将会造成的后果。接着，理性地比较一下做这件事的不愉快程度和拖延导致的成本，然后问问自己到底哪一张纸上的内容更让自己不爽，以此激励自己完成任务。

  4．期待隐性回报。例如，由于拖延习惯的改变，我们也许能减少焦虑或避免可能的失败，例如成功，也许意味着那些唠叨我们或同情我们的人不再注意我们了。

  5．直面消极信念。请阅读第十二堂课，去直面也许会干扰自己的想法。我们是否对自己说过："让我做这件事真的不可能，太不公平了。""我必须把这事做得完美，一点差错都没有。""日子就应该过得轻松点。""我不喜欢在一群陌生人面前发表演讲。""做成了又怎样？他们会得寸进尺、对我的期望值会更高。""肯定干不成的，所以试下又有什么意义呢？"

  6．将抵触情绪加倍。即夸大或强化我们正在做的、会拖延开始做的任何事情。如果早晨总是看着镜中的自己，而不是开始工作的话，请改掉照镜子的习惯。对着镜子认真查看自己所有的毛孔，仔细地审视脸上的每个角落，直到我们确实看厌了，也许就觉得开始工作是个不错的选择。

  7．对每一次拖延负责。请写下每一次拖延的事情和花掉的时间。把这些时间加在一起，然后列出在这么长时间内，自己可以做多少事。

8.将令人不快的事情和即将做的事情关联起来。比如，我们不喜欢运动，便可以在下班的路上找一家体育馆锻炼，或者从办公室步行20分钟去吃午餐。

9.如果做完了自己不喜欢的事情，请犒劳一下自己。

10.做事要有始有终。在没有做完一个工作之前，请不要去做另外一项工作。

合理规划时间

有效时间管理的第六步，即最后一个步骤，就是有条理地做事。下面的建议，有助于规划时间，将注意力集中在生活的目标上。

1.购买一本设置有日历、周历和月历的、类似手账之类的小册子。

2.确定每日目标清单。列出每天练习的时间。如果与喜欢的人一起度过有意义的时光这件事的优先级别比较高，就应该在日历上标出日程安排，在每日必做清单上列出这个事项。按照日程表生活，就能够从容地完成所有的重要目标。

3.需要考虑效率。如果两件事可以同时做就合并起来，比如一边观看喜欢的电视节目，一边锻炼身体、熨衣服或者洗碗。安排好做事的顺序以节约时间。精力不是很充沛的时候，做不太重要的事情。通常情况下，尽管知道自己不同时间段的精力水平，但还是要相应地做规划，以免自己过早劳累。如果是这种情况，我们可能需要重做安排，把这件事安排到效率最高的时段。

4.把浪费时间的因素减到最少。比如,减少看电视的时间、泡在网上的时间、被电话打断的时间、偶然来访的客人、毫无结果的会议、漫无目的的活动以及野心过大的目标。虽然应该制订计划,尽量避免可预知的时间浪费,但还是需要从实际出发来安排时间,以免意外打扰。

5.学会说"不"。设定我们帮助人的尺度,如果觉得不容易做到这一点,请参阅第十七堂课"建立自信心训练法"。

6.列出一个清单,写下计划内可以做的事情。包括做放松练习、制定明天的目标清单、回顾优先事项和目标、看书或修指甲。

7.每天设定几个较短的时间段作为静坐时间。在这段时间里,练习深度放松的方法,这有助于我们时刻谨记生活中最重要的事情,而不是忙着回应别人。

8.当身处优先级别比较高的活动时,应当全神贯注。列出容易分心的事情,设法克服。例如,工作时我们经常做白日梦,此时应该在静坐时间安排一次想象力练习。

9.布置身边的环境,以有利于目标的实现。如果优先级别比较高的事情需要注意力特别集中,那么我们需要一个安静的房间或者角落,在这个专属空间里,我们可以读书、写字、练习深度放松,或者做计划。

10.不要把时间浪费在不合逻辑的替代方案上。如果我们发现自己选择两难,就掷硬币决定结果吧。

11.适时奖励自己。能够从容地完成人生大事是时间管理的最大奖励。按优先级别制订计划,可以更加悠闲地度过每一天。

安排一天的活动

以天为单位管理时间,需要先确定最紧急的事情,并持之以恒。每天首先要做的就是列出工作清单,写下必须完成的任务。应按照以下类别划分来决定优先顺序。

1. 高优先级:最基本、最想做的事情。
2. 中优先级:非常重要,但不是很紧迫的事情。
3. 低优先级:拖延一下并不会产生不好的后果。

浏览活动清单,根据情况划分高优先级、中优先级、低优先级。

这样,当我们开始新的一天时,同时也有了一张时间分配蓝图。先做优先级别最高的事情,然后才可以做中优先级的事情。如果需要做的优先级别高的事情太多,那说明我们列入高优先级的事情太多了。高优先级的事情仅限于绝对不可延误、并且延误会导致恶性后果的事情。

如果较高优先级活动没有结束,就不必考虑低优先级活动,低优先级活动的意思是这些事情可以放一放。除非老板有交代,否则不要承诺自己会完成,直接对老板说"我没有时间"。如果不得不去完成一个低优先级工作,可以授权别人去做,比如把工作交给助理、房屋清洁工或子女去完成。

一天中的大部分精力应该集中在高优先级任务上,并且确保不会延误。剩下的时间可以做白日梦,参加社交活动。以此,逼迫自己不拖延,避免被琐事缠绕,克制出去喝杯咖啡或进行其他放纵的冲动。

一天的工作结束时,可以检查一下工作清单。核对我们的计划清单,想象朝自己的背上拍一巴掌鼓励自己。如果在清单之外,我们还做了其他工作，也添加到清单里，并记录优先级别。没有完成的重要项目可以推到第二天。在前一天晚上或者第二天早上准备一天目标清单是最合适不过了。每天从清单上的第一件事开始，挑选最重要的事情去做，按照优先级别做，无论哪一种方法都可以。

跟踪和管理中断时间

我们的工作经常被打断吗？频率有多高？接到清单之外的工作的频率有多高？也许是打来的电话、经过我们办公室或我们家时顺便来看望我们的人，或者是我们无意之间做了别人的工作。

为了清楚知道自己被打断的频繁程度，大家应随身带一个笔记本，记录一下自己的反应以及可能采取的对策。

下面几个小贴士可以帮我们有效管理时间：

· 安排固定时间处理电子邮件、语音信箱、电话和接待访客。

· 在处理私人关系或业务关系方面要多考虑不确定因素，对有可能级别由低变成高的事情，应该标注一下以便对其进行评估和预期。例如，定期与重要客户或者父母沟通联系，可以通过电话、电子邮件或面对面的形式获取信息。

· 被别人打断工作时，应该明确向对方表示我们只有几分钟时间，之后再跟对方联系。

各位学员，有效管理时间可以使我们重新掌控生活、实现生活的目标，请享受我们的新旅程吧！

建立自信心训练法

The Relaxation & Stress Reduction Workbook

———
第十七堂课

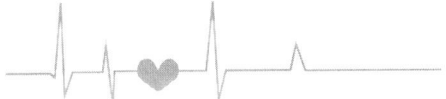

本堂课将学习如下内容：

· 评估目前的沟通方式

· 区别侵略型、被动型和自信型人际交往类型之间的差异

· 检查错误的传统设想和我们的自信权利

· 表达我们的感情和意见，设定限制范围，并开始着手改变

· 运用非语言的自信沟通

· 自信地倾听

· 避免操纵

各位学员好！今天我们来学习自信心训练法。

美国心理学家安德鲁·索尔特（Andrew Salter）首次将自信心描述为一种品质，他认为有的人具有这种品质，有的人却没有。沃尔普和理查德·拉扎勒斯（Richard S. Lazarus）则将自信心重新定义为"表达个人权利和感情"，他们发现，在某些情况下每个人都能获得自信，然而在其他情况下却毫无自信。自信心训练旨在增加自信行为的次数和种类，并减少沮丧或暴怒的概率。

如果既能维护自己的权利又不会对他人造成侵犯，那么每个人都会自信满满。自信不仅仅意味着我们可以维护自己的权利，还意味着我们可以自由地表达喜好，很自然地谈论自己，坦然地接受赞美，公开表达不同见解，可以坦然拒绝他人。简而言之，一个充满自信的人在人际交往时是轻松自如的。

有些人认为，自信心训练会让人变得性情暴躁，爱抱怨，爱斤斤计较。但事实并非如此。当有失公平的事情发生时，一个自信的人最了解自己内心的感受和要求，也知道有权保护自己。

与人交往的方式可能是产生压力的起因。在面临压力时,自信心训练可以教我们维护自己的合法权利,既不会欺凌别人,也不允许别人欺负我们,带着自信去沟通可以减少冲突,从而有助于良好关系的建立。

往下阅读之前,请写下自己对以下情境的典型反应:

1. 在市场买完东西,发现商贩少找了三元钱。

我会:

2. 点了四分熟的牛排,端上来的却是八分熟的。

我会:

3. 让朋友搭我的车去开会,结果等了半个小时他还没到,我意识到自己开会要迟到了。

我会:

4. 自己想看一场很有特色的电影,同伴却想看另一部电影。

我会:

5. 辛苦一天后,靠在沙发上看电视,爱人突然手里拿着一份购物清单走进来说道:"还以为你永远也不进家门了,快,去把这些东西买回来。"

我会：

_____

_____

6. 正在等候前面的人结账，突然一个顾客插队，店员开始接待他。

我会：

_____

_____

贾库鲍斯基·斯佩克特、艾伯蒂和埃蒙斯等人经过调查发现，自信心不足的人认为自己没有表达感情、信念或意见的权利，从内心中拒绝相信人与人之间是平等的，从而无法形成对虐待的反抗。从孩提时代，他们似乎就被暗示自己的需要没那么重要。他们带着自我怀疑长大成人，希望得到他人的认可和指引。

当我们还是个孩子时，面对别人对自己的评判并无选择的余地。但是，现在我们可以自己决定是否以他人的标准生活。以下的每一个错误评判都和我们的合法权利相悖：

错误的传统臆断	我们的合法权利
1. 把他人的需要放在自己的需要之后是自私的	有时候，我们有权利把自己的需要置于首位
2. 犯错误是件很丢人的事情	我们有权犯错误
3. 如果别人无法理解我们的感情，那说明这份感情不应该有，或者我们也许发疯了	我们有权利评判和接纳自己的感情
4. 应该尊重、聆听、学习他人特别是权威人士的意见。自己的想法只能留存心里	我们有表达自己看法的权利
5. 应该尽量保持逻辑和一致	我们有权利改变自己的主意或采取不同的行动
6. 我们应该自动理解他人的行为，直接询问是不礼貌的	抗议不公平的待遇或批评是我们的权利。
7. 永远不要打断别人，主动提问是愚蠢的	探问究竟是我们的权利
8. 如果参与到这件事上，事情会变得更糟糕，还是别参与了	我们有权利协商，寻求改变
9. 自己的事情就不要去麻烦别人了，那是浪费别人的时间	我们有权利请求帮助
10. 自己的不舒服自己受着吧，别人是不想听的	我们有权利感受和表达痛苦
11. 别人劝我们，我们应该认真对待。这些劝告经常是正确的	我们有权利忽略别人的劝告
12. 人们不喜炫耀，成功人士其实挺让人讨厌和忌妒的。只要知道成功本身就是奖励就足够，别人赞扬自己时要谦虚	我们有权利因成就被认可
13. 尽量满足别人的需求，要不在我们需要帮忙的时候，没人来帮我们的	我们有权利说"不"
14. 不要抵制社交，如果我们宁愿自己一个人待着而不愿社交，大家可能以为我们不喜欢他们	我们有独处的权利，即使其他人喜欢被人陪伴也是如此

续表

错误的传统臆断	我们的合法权利
15.对自己的感受和行为，我们要毫无保留地告诉别人	我们不必向别人评判自己
16.他人有难，我们应该施以援手	他人的困境，不是因我们而起的
17.即便别人无法倾诉内心，我们也应该敏锐地体察到他人的渴望	我们不必预测别人的诉求
18.要始终把人往好处想	我们不必处处为人着想
19.敷衍别人是不厚道的，要有问必答	有时我们可以不回应

学习这一堂课时，请谨记：能够清醒地判断自己的思想、感情、愿望和行为，是成功沟通的基础。每个人都有独特的气质，我们是如何变成现在的模样的，没有人比我们更了解。在很多时候，我们与其他人持有不同的见解，不必过度谦恭或放弃表达的权利，要试着表达自己的不同。

主要疗效

自信心训练在应对郁闷、愤怒、怨恨和人际关系焦虑时十分有效。一个人变得自信时，就会自动学会放松，更好地呵护自己。

所需时间

有些人练习几周就掌握了，而有些人则需要长达数月的练习才能效果明显。

指导说明

第一步：人际交往三种基本类型

自信心并不是一种人格特质，而是后天可以习得的。自信心训练的第一步就是识别人际交往的类型。

·侵略型。有的人尽管可以坦诚表达自己的意见、感情和愿望，但同时也伤害了他人感情。他们的潜台词往往是："我很优秀，说的话都是对的，你们那么差劲，说的都是错的。"其优点是，人们往往通过满足这类人的要求以达到摆脱他们的目的。缺点是，这类人很容易树敌，而且容易被糊弄。

·被动型。这类人容易隐藏自己的意见、情感和愿望，或者只是部分表达。他们的潜台词往往是："我弱势而差劲，你强势而权威。"其优点是，可以最大限度地减少责任和表达个人立场的风险。其缺点是，自尊心低，只好遵从别人。

·自信型。这种类型的人可以清晰表达自己的意见、情感和愿望，而不侵犯他人的权利。他们的潜台词往往是："我们各有不同，但是都有表达的权利。"其主要优点是，可以最大限度参与重大决定，各取所需，充满敬意地互换感情和意见，从而获得高度自尊。

测试我们的人际交往类型（在方框里画钩）：

情景 1

A：汽车上那个凹痕是刚刮上去的吗？

B：不要问了，我今天特烦，不想讨论什么新凹痕。

A：我想说，不说出来心里挺郁闷的。

B：你就行行好吧。

A：现在就要确定谁掏钱修理，什么时候去修，去哪里修。

B：我会处理的。拜托，让我一个人清静清静吧！

A的行为是　　□侵略型　　□被动型　　□自信型

情景2

A：你扔下我一个人自己离开晚会……我真的觉得好难过。

B：瞧你那个样子，整个晚上都闷闷不乐的，让人丧气。

A：我什么人都不认识，你介绍几个人让我认识下也是好的。

B：你已经是个成年人了，可以照顾自己了，但是你总希望别人照顾你，我真的很讨厌你这点。

A：你根本不会照顾人，我也讨厌你这一点。

B：那好，我下次死盯着你，一刻也不离开。

A的行为是　　□侵略型　　□被动型　　□自信型

情景3

A：能帮我把这个文件处理一下吗？

B：我忙得很，你过会儿再来吧。

A：我知道，我其实不想麻烦你，但是这个文件很重要。

B：你不是看见了吗？我四点钟必须得写完报告。

A：好吧。我明白，我知道写报告就怕被打断。

A的行为是　　□侵略型　　□被动型　　□自信型

情景4

A：上午妈妈来了一封信，她想来和我们一起生活两星期。我挺想见她的。

B：你姐姐刚走，你妈又要来。不能这样。我们什么时候能有自己的时间啊？

A：我知道你想过无人打扰的生活，但是我确实想念我妈妈。这样吧，让我妈妈过一个月再来吧，她来住一个星期，好吧？

B：这还算靠谱。

A的行为是　□侵略型　□被动型　□自信型

情景5

A：老兄，你今天看上去精神不错啊！

B：你逗谁呢？我的发型乱七八糟的，这身衣服拿去送人都没人要。

A：唉，随你怎么想吧。

B：我感觉就是这样啊。

A：嗯嗯。我有事先走了。

A的行为是　□侵略型　□被动型　□自信型

情景6

A告诉朋友，男朋友带她到高档饭店吃饭，然后去剧院看戏，她真的好开心。朋友们批评她太土了，没一点见识。

A：不是这样的。我挣的钱没他多，没有钱供我俩出去玩，也没有钱在高档场所肆意消费。我们俩比较传统……

A的行为是　□侵略型　□被动型　□自信型

现在，我们已经把A在这些情景下的反应标为侵略型、被动型或自信型了。下面是我们的评价：

情景1：A是侵略型，A的提问没有任何恶意，但却暗含指责。A不顾B的心情，坚持要去修车，使得矛盾上升。B觉得自己做错了，有可能让步，也有可能进行自卫。

情景2：A是侵略型，话里带着责备和埋怨，B被迫自卫。双败的局面。

情景3：A是被动型，A先是腼腆地开了口，接着陷入崩溃。现在，必须自己处理文件了。

情景4：A是自信型，她的要求是具体的、没有敌意的、可以协商解决的。

情景5：A是被动型，她屈服于B的匆匆否定。

情景6：A是自信型，她坚定而温和地陈述了自己的立场。

第二步：自信心问卷

第二步是标记自己的交往类型：侵略型、被动型或自信型。

请填写下面的问卷，在适合我们的项目旁边的A栏中画钩，然后在B栏中给这些项目按1到5打分。

1. 舒适
2. 轻微不适
3. 中度不适
4. 非常不适
5. 不堪忍受的威胁

（注意：各种程度的不适表明我们的不当反应是敌意的还是被动的。）

我在什么情况下表现不自信？	A 如果这项适用于我，请在此处画钩	B 按1～5打分，评价不舒适程度
寻求帮助时	___	___
表达不同见解时	___	___
接受和表达负面感情时	___	___
与拒绝合作的人打交道时	___	___
大声说起麻烦的事情时	___	___
当众讲话时	___	___
指认小偷时	___	___
拒绝别人时	___	___
申辩自己时	___	___
对权威人士发问时	___	___
争取自己的权益时	___	___
必须承担责任时	___	___
找人帮忙时	___	___
提出看法时	___	___
提问时	___	___
处理让我感到内疚的事情时	___	___
要求服务员服务时	___	___
情人约会或与人约见时	___	___
其他_____	___	___

续表

和谁在一起会特别不自信?		
父母		
同事、同学		
陌生人		
老朋友		
爱人或伙伴		
雇主		
亲戚		
孩子		
熟人		
销售员、店员、帮工		
两三个人以上		
其他_____		

因为不自信，有什么事情我想做而没有做?		
肯定已有的成就		
就某项任务寻求帮助		
多关注伙伴或者花更多时间陪伴他		
被倾听和理解		
让逆境变顺境		
不必一直做好人		
面对重要的事情大声表达		
与陌生人、店员、机修工等人交往时更加自信		
面对崇拜之人自信满满		
找到新工作，咨询面试、提升等事宜		
与上司或者下级和睦相处		
很多时候比较平和		
摆脱无助感		
开始令人满意的性体验		
做不同的事情		
可以独处		
做自己觉得有趣或放松的事情		
其他_____		

续表

为什么我对确立自信心迟疑不决？		
如果我很自信的话，我担心自己也许会显得：		
自私	_____	_____
不完美或者愚蠢	_____	_____
有毛病或疯狂	_____	_____
无法获得尊敬	_____	_____
没有逻辑或表里不一	_____	_____
死板、教条	_____	_____
愚蠢	_____	_____
招来麻烦	_____	_____
爱抱怨	_____	_____
不知感恩	_____	_____
爱炫耀	_____	_____
不合作	_____	_____
不体贴	_____	_____
不敏感	_____	_____
不友好	_____	_____
粗鲁	_____	_____
懦弱	_____	_____
其他_____	_____	_____
*侵略型的人担心被人占便宜，得不到他们想要的东西。他们认为，如果别人觉得自己懦弱，没有人会听自己的。		

评估我们的反应。现在，根据我们的反应分析，看看让我们畏惧的是哪一种场景和哪一种人。我们的不自信源于上述表格中的哪一条？由于不自信，哪些事情想做而没有做？在确立自信心计划时，先把注意力集中在分值为2~3的项目上，因为这些事情最容易改变，而那些令人不舒服或有可能让我们感觉畏惧的事情

可以先放一放。

"为什么我对确立自信心迟疑不决?"这一栏说明了我们为出现的负面情况所产生的担心,如果在此栏画钩,请复习"错误的传统臆断"和"我们的合法权利"这两部分内容。该栏中的条目均出于此。谨记我们是自己最好的后援,有责任照顾好自己,甚至在我们没有得到他人完全认同时亦如此。

开展一项新的工作时感到忧虑是再自然不过的事情。通过从事各种工作,我们将更从容更自信。人自信满满时也会遭遇事情无法如愿以偿的情况,因为别人也有权利不赞成和说"不"。当自信满满而不是被动或攻击别人时,我们更有可能达到自己的目标。人在没有信心时容易自言自语,第十二堂课有助于我们自查这方面的因素。

第三步:描述问题

从自信心问卷中选择轻度到中度不舒适的情景,用笔描述出涉及的人、时间和背景、我们为之烦恼的问题、相应的应对策略,还要包括害怕的事情,以及我们的目标。描述要详细而具体,因为笼统的描述会让我们在制订自信心计划时遭遇困境,下面是一个描述不到位的例子。

我的几个朋友让我感觉很为难,他们总是在说话,我永远也插不上话。我好希望也能和他们一起聊天!我任由他们把我晾在一边了。

请注意:上述描述并没有详细说跟哪些朋友发生了这种问题、不自信的人是如何行动的、如果表现出自信会有什么问题出现,以及为什么想和朋友聊天。这个情景可以这样描写：

我的朋友琼（谁），下班后邀我一起喝酒（时间）。喝酒期间，琼总是在不停地说她的婚姻问题（什么事）。我只好坐在那里，极力表现出感兴趣的样子（如何行动），我怕打断她她会觉得我不够礼貌（担忧），我希望能够换一个话题，聊聊我的生活（目标）。

以下是第二个不尽如人意的情景描述。

很多时候，我想和人聊聊天，但是我担心对方可能不想被打扰。我发现有个人似乎挺有意思的，但是我不知道如何吸引她的注意。

这个场景没有说清楚这些人是谁、这件事什么时候发生的、"我"是如何表现出不自信的，也没有描述具体的目标。可以这样改写：

有位很有魅力的姑娘（谁），总是中午自己带饭，在餐厅里吃饭时（时间）经常和我坐一个桌子（什么事，地点）。她静静地边吃饭边看书（如何行动），我想打破沉默，跟她聊聊她那难以相处的上司（目标），但是她好像在专心看书，我担心打扰她太鲁莽了，她会不高兴（担忧）。

当我们试着对几个场景进行详细描述时，可能会发现自己真实的想法和感受。例如，我们也许会注意到，如果抱持消极的想法，我们便会选择退却（"这事我办不到……我又把这事给搅黄了……哥们儿，我看上去很蠢吗"），或者我们会觉得胃部紧张，胸口憋气。本堂课其他小节将会提供一些策略，比如，驳斥非理性观念、直面担忧和焦虑、应对焦虑技能、消解愤怒、应用性放松训练以及腹式呼吸法。不过本堂课更多的是关注惯性行为。

第四步：寻求改进的方案

该方案可以让你自信地应对问题。它包括五个要素：

1. 选一个双方都方便的时间和地点。例如："今天晚饭以后，我要问问室友是否愿意讨论一下客厅整洁的问题，如果她不想讨论这件事，我会让她挑个时间。"其实可以不必这样，我们完全可以像对待有人插队那样，表现得自信一些。

2. 尽可能阐明具体情境。讨论问题时必须集中注意力，需要如实陈述事实，与他人分享我们的意见和信念，而不是攻击他人，例如："你每次都把衣服、书和报纸胡乱扔到客厅，好几天都不收拾。公寓空间有限，如果你不及时收拾，屋里看上去像狗窝一样。"

3. 描述我们的感受，让对方知道这个问题对我们是多么重要。表达自己的感受有助于目标的实现，特别是当我们的意见与其他人相左时。即便她或者他完全不同意我们的观点，也多少能理解我们对某个问题的看法。与人分享我们的感受时，沟通会变得顺畅一些。

表达自己的感受，需要遵守如下规则：

a. 勿用看法代替感觉。比如，不要说"我觉得我们又懒又傻！"而改为："我不喜欢房间里乱糟糟的。跟在你后面收拾，我真的很讨厌。"

b. 使用"第一人称"表达感受。不要评价或埋怨别人，不要说"你不顾忌别人的感受"或者"你让我生气"，而说"我很生气，我很不爽"。

c.将自己的感受和对方的具体行为联系起来。例如,"每当你把自己的东西扔在客厅里,我就十分生气。"但如果这样说就显得模糊不清:"真的烦透了。你太不顾及别人的感受了。"

4.简要表达自己的愿望,表述要具体而肯定。别指望别人看懂我们的心思,满足我们的要求。面对被动型的人,我们应该清楚地表达我们的愿望和需求。不要像一个侵略型的人那样,总是假想自己是正确的,自己是权威。让对方知道我们的目的,而不是命令别人干这干那,例如:"你的衣服、书和报纸不用时,我希望它们不要出现在客厅里。"

5.不断强调,使对方满足自己的愿望。最好的方法是描述正面的结果,"客厅会更加整洁……还能省钱……会有更多的相处时间……我会给你们搓背……我母亲只住一周……我更有兴趣做事……我会按时完成自己的工作……小朱莉娅在学校里会表现得更好",等等。

当然,有时正向描述并没有任何作用。如果我们特别抵触这个人,或者觉得特别难说服他,则要适当描述一些负面结果。比如:

·如果你不和我们一起出发,那我就自己先走了,不过,你得自己开车前往了。

·如果你不打扫卫生间,我就雇人打扫,那样你的房租可能要涨一涨了。

·如果你还是说话气势汹汹,我就走了,明天再谈吧。

·如果你再喝醉,我就开车回家。

·如果支票再被银行退票,我们就只能用现金结算了。

- 如果你看电影时总是说话,我就把经理叫来。
- 如果不知道你什么时候回家,我就不会给你热饭菜。

请注意,上述情况跟威胁截然不同。拒绝和对方合作,只是说我关心自己的利益,这样做并不会产生伤害,只是保护自己而已。但威胁正相反,它会让人产生情绪。如果打算威胁,要想想自己是否可以顺利收场。尽管这样,威胁通常产生的后果都是不好的。

让我们以一个方案为例。琼希望每天享有半小时的安静时间练习放松技巧,弗兰克却经常打扰她,经常提问题,总是让她分心,于是琼这样设定了方案:

- 约定讨论的时间和地点。

我要问问弗兰克今晚回家是否有时间讨论这个问题,否则就约定一两天之后再探讨。

- 界定问题。

尽管我关了门,拥有了自由空间,但还是会被打扰。注意力被分散,难以深度放松。

- 使用"第一人称"描述我们的感受。

被打断时我感觉很恼火,练习就很难进行下去。我感觉自己很失败。

- 简要、肯定地表达我们的愿望。

只要我房门被关着,就说明我在练习。除非紧急情况,我都不希望被打扰。

- 希望别人去满足我们的愿望。

如果不被干扰,我练习完以后会出来和你们聊天。如果总是被打断，我需要花更多的时间去练习。

再看一个例子。尼克无奈地告诉同事自己改变了主意，不想帮助她去做新项目了。尼克是这样做的：

·约定讨论的时间和地点。

明天上午发电子邮件告诉她自己想找时间聊这个问题。

·问题：

克拉拉，我虽答应过你帮忙，但是现在我发现需要花太多时间了，那样我的工作就会受影响，更重要的是我没法跟上级交代啊。

·感受：

你肯定很失望，我也很内疚。但是，如果我自己无法按进度结束工作，我真的很焦虑，也压力倍增。

·愿望：

下星期的某个时间我打算跟你交接下。星期五是不是太早了？

·强化：

下个月财政年度结束以后，我也许能够帮你个小忙。同时，我们可以试着请杰夫帮你一把，因为他现在正好有空。

（注：其实尼克不必强化，这样克拉拉更容易接受这个结果，但是尼克希望借此让对方明白：他其实是愿意帮忙的，只要工作不受影响，而且他也想与她保持良好的工作关系。）

下面这个例子可以说明如何使用改善方案。我们可以跳过安排时间这个步骤，发言之前事先组织好语言。如果我们愿意的话，可以主动强化。

克丽斯特尔正在客厅里看电视，这时小弟弟走过来抓起遥控器就开始胡乱调频道。克丽斯特尔克制住自己的情绪，没有骂"浑小子"不考虑别人，也没有抢回遥控器，而是说道：

"伦尼，我正在看最喜爱的电视节目，你来了之后胡乱调电视（问题）却没有和我商量，就关了我正在看的电视节目，我真的很生气。（感受）我希望你马上把电视调回去。（愿望）那个节目还有15分钟就结束了，如果你调回去，我看完节目电视就让给你看，今天晚上我不再看电视了。（正强化）"

练习：阅读下面的改善方案，写下我们认为不对的地方，然后再把内容誊写到下面的空白表中。

在过去的两个学期中，朱莉曾上过夜校的一个陶艺班。每次丈夫都找借口指责朱莉上夜校时无法照看孩子。以下是朱莉的对策：

· 找一个讨论的时间和地点。

今天晚上当凯文回家时。

· 问题：

一年了，陶艺班的梦想一直被你搅黄。我听任摆布太久了。

· 感受：

你就是一个自私的浑蛋！我讨厌你。

· 请求：

我去上课时，你得花点工夫照看孩子。

· 强化：

如果你不愿意，那这段婚姻就结束了。

存在的问题：

1. _____

2. _____

3. _____

4. _____

5. _____

朱莉的方案主要存在以下问题：

1. 没有确定讨论的时间、地点。

2. 使用的词语太笼统，还带着抱怨，比如"搅黄"和"听任摆布"。

3. 没有说清楚丈夫的具体问题。

4. 她责骂丈夫自私，并没有表达自己的具体感受。

5. 她没有具体表达出丈夫需要哪几个晚上照看孩子，或者陶艺班会持续多长时间。相反，她提出的要求难以打动人心。

6. 她用负面的结果威胁丈夫，暗示她也许不愿意继续这段婚姻了。

现在，请改写朱莉的变化方案。

安排一个时间和地点进行讨论：

_____

_____

问题:
_____
_____

感受:
_____
_____

请求:
_____
_____

强化:
_____
_____

下面有个例子,说明朱莉如何提出自己的请求。

安排一个时间和地点:

我得问问凯文周六早饭后是否有空聊这件事。如果他不愿意,就让他指定一个时间。

· 问题:

我有课的时候不能照看孩子,我已经错过了前面两学期的陶艺班。我已经等了一年,再也不能错过了。

· 感受:

没有什么事情能让我如此激动,我真的想上陶艺班。你宁愿干其他事也不愿在我上课时照看孩子,我感到生气,觉得受到了伤害。

· 请求:

我希望你能够在每周三晚6:30~9:00照看孩子。陶艺课1月25日开始，6月2日结束。

·强化：

如果你愿意帮忙照看孩子，我每周三都会做我们爱吃的肉糕。如果你不愿意，那我们就花钱雇人看孩子。

在新的方案中，确定了讨论时间，问题更具体了，提出的请求也不再具有威胁性，简单而具体。强化既符合实际又清楚。注意的是，通常没有必要使用负强化。

练习：现在，我们可以写下自己的改善方案。

改善方案表

（如果合适的话）安排一个时间和地点去讨论情况。
_____
_____
_____

阐明具体问题。
_____
_____
_____

使用"第一人称"描述自己的感受。
_____
_____
_____

简单而坚决地表达自己的请求。
_____
_____
_____

（如果愿意的话）强化自己的要求。
_____
_____
_____

第五步：自信地使用非语言沟通

第五步是学会用肢体语言。在镜子面前，或者和一个朋友一起，进行自信心练习。需要遵循以下五个基本规则：

1. 要目光直视。注意：偶然眨眼和朝旁边看看也是正常的。
2. 身体站直。
3. 表述清楚、平静、坚定。
4. 不要抱怨，或使用抱歉或敌意的语调。
5. 使用手势和面部表情配合口头表达。例如，拒绝上门推销的时候，表情要严肃而不要微笑。

练习：使用自信的非语言沟通方法，在镜子面前练习我们的方案，仔细观察哪些地方做得好，还有哪些地方需要改进。

练习：录下练习过程，以使我们的声音更充满自信。

练习：与朋友一起对练，问问朋友自己哪方面做得好，哪些方面可能还需要改进。

练习：具体应用改善方案。之后，自问哪些方面做得很好，能不能做得更好。从他人那里我们是否如愿得到了反馈？如果没有的话，要表扬表扬自己。然后继续练习，在实际中应用改善方案，并在学习时增加一些确立自信心的新技能。

第六步：自信地倾听

第六步是学习倾听。有时我们会发现可能面临这样一个问题：自己的愿望刚表达出来，但没想到对方也会说出一个从没想过的问题。我们的愿望和对方提出的问题对于彼此来说都很重要，但却容易发生冲突。

例如，我们想每天回家后安静一下，但爱人对此的反应是："我回到家想先安静一个小时啊？我工作很辛苦，所以我一直没告诉你，其实带一天孩子我也很崩溃，也需要安静一下，休息一下。我也有自己的需求，你知道的。"在这种情况下，也许理智的做法就是练习自信地倾听。

当充满自信地倾听对方，我们的注意力会变得集中，对方的想法、感受和愿望我们都可以准确地领悟到。自信地倾听包括三个步骤：

1. 准备。问问自己：准备好倾听了吗？确定对方愿意开始倾诉吗？

2. 倾听和澄清。全神贯注，仔细倾听对方的观点、感受和愿望。如果没有听清或弄懂，可以请对方稍微讲得详细一点：我听得不是很明白，你能再补充说明一下吗？对于这个产品，你的自我感受是什么？我不太理解……你能说得具体一点吗？

3. 确认。确认对方的感受和情绪。例如，我们也许会说，据说，你觉得目前工作的进度太紧张了，自己太累了，不想接这个新项目。也可以分享自己的看法：我也觉得很累，让你的工作量增加，我感觉太不近人情了。

自信地倾听和自信地表达可以结合起来运用。人们使用自信地倾听和表达的技巧去解决某个问题是有顺序的。

约翰对卡门向他表达需求的沟通方式感到很不开心。

约翰：我本来就为这件事正烦着呢，这时候谈合适吗？（准备）

卡门：好吧。

约翰：你昨天说你觉得我和你绝交了，把你抛弃了，（问题）我感觉好像我对你做了什么可怕的事情。我对比很抱歉，但是不知道自己到底做了什么。（感受）你与其抱怨，还不如直接告诉我我哪里有问题，或者我可以作什么改变。（请求）我认为会更好地作出反应。（强化）

卡门：你需要我怎么提示你？（澄清）

约翰：在你觉得糟糕的时候，我怎么做你才觉得合适。

卡门：好吧，你是说，我谈论自己的感受时，我没告诉你需要你做什么，因此让你感到困惑和负有责任。（确认）

约翰：正是。

卡门：是啊，有时候我只是告诉你我自己的感受。其实，我不知道自己为什么会有那样的感觉，也不知道该怎么应对。把我的感受告诉你其实是想跟你讨论。（再次阐明问题）

约翰：我明白了。你真的不确定在当时你需要什么样的帮助（确认），你怎么不直接说你不知道，并问问我是否大家可以一起做点什么？说"你"而不是只说"我"，我就明白了。（新要求）

卡门：这听起来很不错。我喜欢你这样说。

请注意，做解释之前，卡门便进行了澄清和确认。然后，他解释自己为什么不同意约翰的要求。而约翰也确认了卡门说过的话，然后，他借此提出了第二个建议，这对卡门来说比较受用。

不过这里有个难题：我们无法指望对方按照自己的期望做事。面对对方的戒心或者敌意，很多时候既要表达又要倾听。请看哈尔和萨拉的个案：

萨拉：关于现金预测，我有问题想跟你谈谈，可以吗？（准备）

哈尔：随你便。

萨拉：目前，你用了未来三个月的现金，但是我看不到销售、库存和成本之后六至八个月的变化，（阐明）我不知道这笔钱还能不能收回来（描述感受），你能告诉我六个月的现金预测额度吗？（表达请求）我认为那样我们的日子都会好过一点。（强化）

哈尔：别做梦了，萨拉，不可能的，部门没有人手了，你就省省吧。

萨拉：那要花多长时间？（澄清）

哈尔：别说了，萨拉。（大声说）别说了，好不好？

萨拉：我听你的，你工作量过大，又没有人帮你做任何额外的工作。（确认）不过我的困惑是，那样要加多长时间班？（澄清）

哈尔：至少20小时，还要使劲赶进度，萨拉，每个人都来提要求，我真的是累了。

萨拉：听得出来你有压力。（确认）但是，如果我从联营公司抽一个记账员每月来帮忙20个小时，我们觉得怎么样？（新请求）

哈尔：那也许会不错吧。萨拉，不过得让我见见这个人。

面对哈尔的挖苦和愤怒，萨拉继续澄清和确认，最终弄清了哈尔的问题。哈尔的敌意并没有让她情绪化，而是努力去了解哈尔的压力和需要，最终提出合理化建议。

练习：找一个朋友一起练习，请对方扮演一个不打算倾听我们的人。对方的生活中也处处是麻烦。使用自信的倾听去帮他表达自己的问题、感受和愿望。

练习：在日常生活中练习自信地倾听，可以结合也可以不结合方案进行倾听。

第七步：达成一个切实可行的折中方案

当两个人发生直接冲突时，想让双方都满意确实困难。这时，可以寻求切实可行的折中方案。讨论时，尽管折中方案随时会产生，但也需要写下来，写出双方想到的所有替代方案，然后删去双方都不能接受的方案。最后，确定双方都可接受的折中方案。可以在特定的时间段，譬如说一个月，再审视一下这个折中方案。如果双方对这个方案都不是很满意，可以重新协商和微调。

典型的折中方案包括：

· 这次听我的，下次听你的。

· 各取所需。

· 中途会合。

· 如果你同意这个方案_____，我将为你做_____。

· 这件事你听我的，但是那件事我听你的。

· 这次试试我的方法，如果你觉得不爽，下一次你可以不同意。

· 这次试试你的方法，如果我觉得不是很合适，下一次我可以不同意。

· 我按照我的方法，你按照你的方法。

如果我们觉得所有的替代方案都不可行，不妨试试更简单的方法。当对方不同意我们的意见，他会提出一个反对建议。如果我们无法接受这个反对建议，不妨提出自己的建议。不过，我们需要先倾听，去了解对方的感受和需要。反复推敲反对建议，直到双方都有所获。

折中的第二种方法是提出这样一个问题：我需要怎么做，你才能听我的？对方的回答也许让我们吃惊，但他也会提出一个我们从没想到的方案。

练习：跟人发生冲突时，如何使用折中方案？结合我们的改善方案和自信倾听，制订一个计划。

第八步：避免操纵

第八步也是最后一个步骤。不可避免的是，我们总会遇到驳斥和反对。实践证明，使用以下技巧可以应对这种情况的发生。

制止重复。如果对方既不愿意说"不"，也不愿意明确态度，我们可以简明扼要地说出自己的态度。可以对四岁的杰夫说："杰夫，我不会再给你吃糖了。"可以对一个毛躁的二手车推销员说："我只是来看看，今天不会买的。"可以对不配合的店员说："这台收音机有毛病，请把钱退给我。"确认自己明白了对方的意思，然后平静地重复自己的观点，不要被不相关的问题分心："是的，不过……是的，我知道，我的看法是……我同意，不过……是的，如我所说……不错，但是我真的没有兴趣。"

从内容切换到分析。"现在我们不谈这个。""跑题了。""你不想马上谈这个问题，对不对？"

暂停。"看得出来，你非常生气，今天下午晚些时候再聊吧。"

拖延。暂不做反应，直到自己平静下来。"是的……这是比较有趣的……我保留自己的观点……可能我需要更多的时间去考虑这个问题……现在我还不想谈论这件事。"

达成某种共识。我们不需要解释，除非我们想这样做。"你说得对，萨威尔的账目的确被我弄得乱七八糟。""我的确不能边笑边对推销员说'不'，这样根本甩不掉他。""老板你说得对，我确实迟到了半小时……车坏了。"

模棱两可。当对方批评我们时，可以含糊回应。部分同意："的确，我报告交晚了。"看似同意："我们也许说得对，我经常迟到。"原则上同意（逻辑上同意，前提上不同意）："假如如你所说我经常迟到，那当然是不对的。"我们可以表面同意，而又不承诺进行改变。

自信地询问。"我明白你不喜欢我昨晚主持会议的方式，那你到底不喜欢什么呢？你觉得我到底哪里让我们感觉不舒服了？"

如何应对让我们不舒服的话呢？

一笑了之。"才晚了三个星期？那我后面的工作就无法准时了！"使用内容到过程转换（"幽默让我们对此不去计较"）或明确态度（"是的，不过……""如我所说……"）的方法。

明确责备。"你总是这么晚才做好饭，等吃过饭连碗都洗不动了。"使用模棱两可的方法（"也许真的是这样，但你还是违背了自己的诺言啊"），或者直接表示反对（"八点钟洗碗不算太晚"）。

一反常态。"你担心被谁打断？这里你的嗓门最大了。"最好使用自信的讽刺（"谢谢你"）加上明确态度或暂停的方法（"我看你情绪不好，还是等等再说吧"）。

拖延。对方可能这样回答我们："现在不行，我太累了。"或者："另找时间吧。"如果有缓和的余地，可以约定一个具体时间。

妙用"为什么"。例如："为什么你会觉得这样呢……我还是没弄明白你为什么不想去……你为什么改变主意了？"最佳的策略就是使用内容到过程转换（"这不是为什么的问题，这是我今晚不想去的问题"）。

自我同情的话。对方可能大哭大闹，这时可以使用自信同意法（"我明白你的痛苦，但是我得解决这个问题啊"）。

就小事而争论。对方可能和我们争论的这个问题合理还是不合理，大还是小。可以使用内容到过程转换法（"你争论的都是小事，最大的难题我们都解决了"）。

威胁。我们受到威胁，例如："如果你总是这样喋喋不休，我可能需要换男朋友了。"可以使用自信地询问："我说的你感觉哪里不对呢？"或者用内容到过程转换法（"这似乎像威胁吗"）。

否认。有人告诉我们："我没有做那件事。"或者："你的确误会了。"可以使用模棱两可法（"在你看来好像是那样的，不过我却注意到……"）。

练习：可以从生活中找出一个例子，如有必要也可以杜撰一个案例，然后写下自己的自信反应。

练习：想象或者通过与朋友进行角色扮演游戏，以此直面可能的"梦魇"般的反应，然后准备应对。

练习：经常不断地书写、练习和表达改善方案，当然有时候也可以不必写下来。可以综合使用或单独使用本堂课中所学的树立自信心的技能，进而使我们的自信心得到提高。

工作压力管理

The Relaxation & Stress Reduction Workbook

―――――
第十八堂课

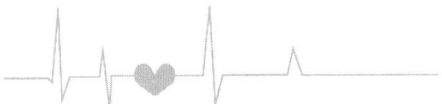

本堂课将学习如下内容：
- 明白目前对工作压力的反应
- 制定压力目标
- 对抗工作方面的压力性思维
- 产生矛盾时进行协商
- 调整、平衡自己

各位学员好！今天我们来学习工作压力管理。

悲观主义、日益增加的不满情绪、旷工和效率低下，是工作倦怠的典型表现。也许我们已经在工作倦怠的边缘徘徊，但很可能会误以为是工作导致了压力。工作压力给很多人造成困扰与痛苦，因此而带来的损失，包括影响生产、收入超支或医疗消耗等方面，全美每年可高达数十亿美元，人们逐渐认识到工作压力管理无论是对于个人，还是在财务方面，其意义非同寻常。

是什么导致了工作倦怠

无论从事何种工作，或多或少都会遇到困难，工薪族都需要有所适应。有时工作倦怠并不是由于困难导致的，而是人对自己的工作环境缺乏控制，从而导致了不确定性、挫折、缺乏热情、疲劳、效率低下。以下是容易导致工作倦怠的一些因素：
- 连续地超负荷工作
- 不公平的待遇
- 上级过高的期望
- 同事的不支持或敌意

- 培训不够
- 缺乏认可和奖励
- 自己的价值观与公司、老板或同事的价值观有冲突
- 令人不愉快的工作环境
- 对于工作的重点缺乏明确的方向

一些微不足道的因素也会产生工作压力。在日常工作中，人们常常被一些意外的原因干扰，比如特别会议、电子邮件、电话、访问、设备故障。我们每天可能被这些鸡毛蒜皮的小事所打扰，比如做什么都要通过权威的认可，还要与官僚主义打交道，也可能整天被机器的噪声、电梯音乐和说话声环绕而无比心烦，此外，通勤时间过长也会让人压力倍增。

人们很容易把工作压力和效率低下联系在一起，其实当工作过于简单或者缺乏挑战时，也会产生压力。早在1908年，罗伯特·耶基斯和约翰·多德林就指出，压力过大和缺乏压力的表现几乎是一样的：效率降低、易怒、有时间压力、动力下降、判断力低下、易出事故。每个人都有一个独一无二的"作业区"，在这里我们体会来自身体的能量、动力、决定力和生产力的可控压力。

压力太大并不是工作倦怠的唯一原因。如果工作无法满足期望，也会滋生厌倦感。如同广义上的压力管理一样，工作压力管理也需要确定压力的类型和程度，以此激发我们的兴趣和表现，而不是给我心理造成过大的负担。它需要管理我们工作中无法回避的难题，还需要管理包括休闲活动和与工作有关的活动，这样工作才能有条不紊地进行。工作压力管理是一个动态过程，我们可以借此掌握自己。

主要疗效

工作压力管理可以增强我们在工作中的掌控感,从而改善因工作产生的内疚、易激怒、抑郁、焦虑和低自尊等状况,同时减轻因工作引发的状况,譬如失眠、疲劳、腹痛、头痛、饮食障碍、抗感染免疫力降低。

所需时间

我们需要花几天时间学会识别自己的应激反应,然后制定若干目标去进行改变,而有效使用可能需要至少一个月时间,养成有效的工作压力管理习惯可能要花上两到六个月。

工作压力管理五步骤

第一步:识别我们的应激反应

工作中具体的应激源是什么?我们的应激反应是什么?先回想一下自己最近的工作,然后在下面表格的左栏中,写出具体应激源及其感受。

例如,计算机程序员帕蒂采用速记法,写下了具体应激源以及反应。

我对具体工作应激源的反应

工作应激源	感受	想法	行为
编程	枯燥、麻木	"总是做编程工作使我变得很乏味。"	不停地干活,没有效率,吃甜食,喝咖啡
最后期限	焦虑	"我永远也做不完了!"	工作速度越快,越容易屡屡出错,导致花费的时间越长
会议	烦恼、没耐心	"太浪费时间了,我还有活要干哩!"	挑剔,不听取建议
模棱两可的上司	不安全感、困惑、烦恼	"怎样让这头怪兽满意呢?"	猜测他的想法,抱怨
唠叨的同事	愤怒	"为什么他总是打扰我?他真是太自私了!"	礼貌应答,然后继续工作
没有合作精神的行政助理	愤怒、受挫、不满意	"她又懒又慢,真是废物。"	拒绝与她说话
没有私人空间	觉得很烦	"注意力难以集中。"	肌肉紧张、脖子痛、背痛
在客户终端工作	紧张、疲惫	"我希望不做这个工作。"	眼涩、头痛
电脑死机	沮丧、愤怒	"哎呀,我刚才写的程序全弄丢了!"	吃东西,喝咖啡,交际
没有升迁	愤怒、沮丧	"我应该升到更高的职位!"	痛苦地抱怨

练习:填写下列表格,列出自己的具体工作应激源,并且描述自己真实的反应。根据需要酌情描述细节。

我对具体工作应激源的反应

工作应激源	感受	想法	行为

练习：现在浏览一下我们的表格，看看有什么麻烦产生，请在下面的表中写下这些模式。

例如，帕蒂是这样写的：

1. 当我感觉厌倦和沮丧时，我会狂吃东西、狂喝咖啡。
2. 在电脑面前工作时间太长，或者必须在缺乏私人空间的环境里集中精力工作，都令我觉得压力如山。
3. 向上司提问时我不够自信，无法拒绝同事的请求，或者要求行政助理帮忙。
4. 我在工作中总是急躁和紧张，我知道我对自己和他人太严厉，但是我没办法改善现状。

我的反应

1. _____
2. _____
3. _____
4. _____

第二步：制定目标，对我们的工作应激源做出更有效的回应

清楚自己的压力模式后，就可以制订可行的计划，以应对预期的应激源。我们可以同时避免几个应激源，而当应激源出现时也就可以应付自如了。

我们也许希望在以下一个或多个方面做出改变：

1. 改变外部应激源（比如辞职，告诉老板不要分派给自己太多的工作，按时休息，重新安排自己的时间）。

2. 改变自己的想法（比如回家时放下工作，放弃完美主义，告诉自己别人的问题自己是负不了责任的，不去细想说不清楚的担忧或者不公平的往事）。

3.改变生理状态（放松、锻炼、饮食有度、睡眠充足）。

设计目标时，请谨记可行的目标一定要：

·具体

·可见

·在一定时间内可以实现

·可拆分为一个个小的步骤

·与长期目标一致

·可以制定简单的协议书

·隔一段时间可以重新评价

·达到目标时给予奖励

例如，帕蒂的自我协议书是这样的：

> 本人，帕蒂·鲍尔斯，愿意用如下方式改变自己的四种应激反应：
> 模式1和2：身体疲惫、倦怠或沮丧时，不暴饮暴食，不喝咖啡。每隔一个小时就休息一次，做短暂的放松练习，或者起身与别人聊聊天。有氧健身课每周三次。中午外出办理私事两次。三餐营养，不吃垃圾食品。
> 模式3：参加一天的自信心培训课程；好好跟上司聊聊，直到我真正了解他的想法。我还会告诉同事，除了我走动的时候，其他时间不要说悄悄话。我会向行政助理寻求帮助。
> 模式4：放弃负面思维，改为建设性行动思维。例如，关于会议，不要觉得"多浪费时间，我还有活要干"，而认为"哇，终于可以不要编程了！可以做做放松练习了，还可以学一些有趣的东西，说不定我还可以为这个会议做出一些贡献"。
> 每周评估目标进展情况。月末，我打算到温泉过周末，作为对自己的奖励。
>
> 帕蒂·鲍尔斯
> 10月10日

练习：使用下面的自我协议书样表，列出自己的目标。

```
┌─────────────────────────────────────────────────┐
│                  自我协议书                      │
│                                                  │
│   本人，_____ 同意：        │
│   1._____       │
│     _____       │
│                                                  │
│   2._____       │
│     _____       │
│                                                  │
│   3._____       │
│     _____       │
│                                                  │
│   4._____       │
│     _____       │
│                                                  │
│   每隔_____（时间长度）监控自己的进度。│
│   我将_____以奖励自己。                │
│                              签字：_____   │
│                              日期：_____   │
└─────────────────────────────────────────────────┘
```

把协议书贴在容易看到的地方提醒自己，并与朋友分享，也可以每周向朋友报告自己的进展情况。完成目标时，请记得奖励自己。

第三步：改变我们的想法

工作压力的产生，部分源于大脑中的某个想法触发了痛苦的情绪反应。以下是三种普遍容易触发压力的想法：

1. 我必须（完美地、按时地）完成＿＿（某项任务）＿＿（这样老板才会高兴）否则＿＿＿＿＿＿＿＿＿＿（某些令人痛苦的事情）。

2. 他们这样对我，真不公平。

3. 我感觉凡事束手束脚。

第一种想法让我们感到焦虑，第二种想法让我们感到愤怒，第三种想法让我们感到抑郁，我们可以对此采取一些措施。将自己的工作压力按此想法分类。

第一类：

_____

_____

第二类：

_____

_____

第三类：

_____

_____

下面是具体的对策：

1.如果没有按时、完美地完成工作，或者没有让老板满意，可以想一下以往如果出现延误、出错等情况时，会发生什么。不要想着会发生可怕的事情。只需想：老板会说什么呢？最有可能发生什么事情呢？比如，"如果到周五还没有完成工作，老板可能会让我周末加班，以便不耽误周一使用。为此与朋友一起购物的计划可能要推迟了。尽管这种情况很让人失望，但我尚且能接受。"

练习："如果没有（尽善尽美地、按时地、完全符合要求地）_____，可能会发生_____（某些现实的后果）。我可以摆平。"

每当可怕的念头涌起、感觉世界末日来临时，可以在心里反复默诵以上句式。注意：如果不知道即将发生什么，就想办法弄清楚。

譬如，我们可以说："老板，如果我迟一天做好报告，可以吗？"

2.因为压力而抱怨没有任何好处，只会让我们感觉无助，把自己当成受害者，满脑子愤怒，加速自我内耗，久而久之，便会损害健康。

正如第十二堂课"驳斥非理性观念"中所说："很多事情和人，都很难改变。"告诉自己，老板或者公司总裁会采取不同的措施。

职场上，是没有人有义务去保护我们的，每个人都在忙于维护自己的权益。那么，要想停止抱怨和生气，应该怎么做呢？

练习：为了回答这个问题，我们可以问自己："可以采取哪些方法去改变不喜欢的事物？"

① _____

② _____

③ _____

如果工作上有些事我们不喜欢，又实在无法改变，要么接受，要么另谋高就。

练习：如果我们决定接受，请完成下列填空。

_____是按照自己的职责工作。他采取这种方式的理由（他／她的需求、满足这些需求的应对策略、过去的成功和失败、恐惧、对于我们关系的态度）全部存在，这就是他／她为什么 _____的原因。

3.我没有感觉受束缚。我也许面临很艰难的选择，但并非受到束缚，跟其他难事相比，工作中的痛苦真的不算什么。这是真的吗？我可以看看哪些可以改变，哪些无法改变，可以对比下。

练习：我们如何改变工作上的压力？

如果打算改变，我需要承受什么样的风险？

如果想彻底改变工作，我需要采取什么方法？

我如何改变自己对风险的理解，使我愿意尝试做出改变？

如果我们认为年龄太大换工作有风险，可以先咨询一下同龄人，而那个人正好从事我们向往的职业，询问一下年龄与这个职业的关系。如果我们认为去面试某个新职位有可能失败的话，可以提前做好充分的准备。

如果我们还没有采取任何行动来改变的话，不要说"没有办法"，而是要确切地说：我打算保持现在的状态，因为眼下看起来似乎比做出改变的痛苦要小一些，我将来也许会做不同的选择。

第四步：当发生冲突时，进行协商

无论是与老板的分歧，还是与同事的意见不一致，我们都需要告知对方自己的立场，提出一个彼此可以接受的折中方案。

这里有一个四步骤的指导模式：

1. 问题（我们感觉引起压力的原因是什么）
2. 我们如何看待这个问题
3. 它是如何影响我们的工作效率和动力
4. 双赢方案（双方都会从我们的方案中有所收获）

例如，兰迪是中学教师，他极富创造力，花了很多时间开发了新课程，但校长不仅不给他物质补偿，连开发的时间都不给他。于是，兰迪对校长说道："新课程的开发让学生受益匪浅，但是我却无法从中获得报酬，这让我失去了教学热情。而我失去动力，学生也会受到影响。其实，开这个课程我拿不到钱，但是如果学校能允许我每天抽出一节课的时间去开发我的新课程，那对于我、对于学校都是有好处的。"校长的回答是："我不能每天给你一节课的时间，但是可以每周给你三个小时开发新课。"兰迪接受了。

练习：协商出一个双方都可以接受的结果。

试想，有一件事我们想做，但是需要别人的帮助，我们该怎么办？

正如我所见，问题是：_____

关于这个问题，我觉得：_____

它这样影响了我的工作效率和动力：_____

我建议我们来试试这个双赢方案：_____
_____

可以根据实际情况改变文字内容。将目标谨记于心，然后寻找适当的时机，与我们寻求合作的人分享。与人分享时请敞开心扉倾听对方的看法，寻求一个双赢的方案。

第五步：调整、平衡我们自己

工作中我们会调整自己吗？在短跑比赛时，选手从头到尾都要以最大速度努力奔跑，就算耗尽浑身的力气也不怕，因为跑完了可以慢慢休息。但是，大多数工作都需要我们变成马拉松运动员，不断调整速度，以便坚持到达终点。因此我们需要学会控制速度，那样才能体力充足地应付意外情况。

如何调整自己呢？

1.注意自己的精力分配，在精力最充沛时做难度系数最高的工作。

2.合理安排各项事宜，以愉悦的心态有条不紊地处理棘手的工作。每当完成一个难度系数比较高的工作之后，可以做一些自己比较喜欢的事。

3.每天都抽出一些时间做一些与工作有关的事情，即使在工作紧张时也可以做如此安排。

4.利用工作中的休息时间和午餐时间，适当舒缓压力。比如，可以找一处安静的地方做放松练习，10分钟轻步快走会大大补充我们身体的能量，与同事愉快交谈也能释放紧张，借此或许我们能寻找到不同的看问题的角度。

5.条件允许的话可以制订一个灵活的计划表,每天抽出一段时间做做有氧锻炼活动、放松练习,或者处理私事。

6.每天都让自己时不时地休息一小会儿,以防压力过大。虽然有时也许只能休息几分钟,但足以提高头脑机敏度和工作效率。具体请参阅第十堂课。

7.请选择适合我们的休闲活动。

如果我们的工作需要:	可以选择休闲活动,例如
久坐不动或长时间集中注意力	有氧健身操
机械重复	益智游戏
可以控制的环境	在大自然里徒步旅行,探险
工作枯燥或不被认可	有竞争性或成就感的活动
对人们的需求作出反应	独立活动
解决冲突	平和的活动
独自工作	社交活动

8.仔细规划自己的休假时间和休假方式。

练习:至少列出三种方法让自己调整,并在我们的生活中创造更多的平衡。

① _____

② _____

③ _____

每个人都会感受到来自工作的压力。如果压力无法消除,那就用自己的能力去改变、去缓解。

营养和压力

The Relaxation & Stress Reduction Workbook

第十九堂课

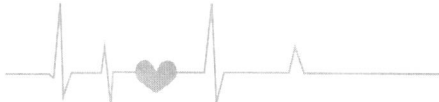

本堂课将学习如下内容：
- 评估目前的饮食习惯
- 保持饮食结构平衡，优化健康，管理压力
- 注意饮食，预防慢性病或者将发病率降到最低

各位学员好！今天这堂课我们会学习一些关于营养和压力的知识。

吃是人生一大乐事，可以让人很好地放松，从而缓解压力。烹制和享用营养均衡的食物，既可以愉悦身心，又有益于健康。在大多数文化中，都有以吃宴席来庆祝节假日和人生大事的习俗，人们在此时聚在一起，用"吃"来赋予生命以意义。然而，令人遗憾的是，人们爱吃的食物很多营养都不均衡。合理的饮食习惯需要后天培养，并非"与生俱有"的天性。

在当下快节奏的社会生活中，方便快餐的势头要超过新鲜食品，食品店储存的方便食品比自制食品和其他新鲜食品多出四倍，生活节奏的加快使得人们更喜欢方便食品，但人们也因此失去了健康、创造力，以及精心烹制食物的乐趣，而这些恰恰有助于缓解压力。

以美国人为例，他们对快餐的执着简直不可思议，糖果、甜点、可乐和薯条这四大食品在人们的饮食中占据很大的比重。普通美国人的饮食大多以方便食品为主，这些食品含有超量的脂肪、糖和钠。在美国，成人肥胖率已经从1980年的15%增加到2005年的33%，除了四个州以外，其他各州人口的肥胖率都超过20%，跟流行病的水平一致（2005年CDC发布）。有些人不仅吃得过多，而且爱吃脂肪和热量高的食物，还不爱运动，这些都导致了肥胖，这样的饮食结构使得退行性骨关节病、高血压、心血

管疾病和某些癌症持续高发。

本堂课将介绍健康饮食指南,可以将自己当前的饮食习惯与指南做比较,调整自己的饮食习惯,从而做到为自己的健康负责,安全地享受饮食的乐趣。我们会发现,即使我们并非大厨,也可以拥有营养均衡的饮食。

主要疗效

身体健康更能抵御不可避免的压力,而营养均衡是健康的坚实基础。合理的饮食有助于预防或控制高血压、心脏病、消化不良、便秘、低血糖和肥胖等状况。另外,保持良好的饮食习惯也可以缓解过敏、PMS(经前期综合征)、头痛和疲劳状况。

所需时间

为了持之以恒地改变饮食习惯,可以循序渐进地慢慢改变,最少坚持一个月。

健康饮食十二步

这十二步包括《美国人饮食指南》(2005年版)的基本内容,有助于我们保持永久健康。人们应该如何以良好的饮食促进健康,降低慢性病的发病率,指南就此提供了权威的建议,还告诉人们如何制作健康的食物和养成良好的饮食习惯。

接下来,我将向大家提供更为有效的"今天感觉更好"五个步骤,包括合理选择食物,在足够供应身体热量的同时又不缺失营养,少食多餐且平静进餐,提前规划食谱,以及在食物和身体活动之间寻求平衡。此外,"明天保持健康"的七个步骤则会建议我们做出更为长远的改变:保持健康,可能取决于除去背部脂肪、限制钠摄入量、获得自己理想的体重、限制咖啡因和酒精摄入量、服用维生素。

"'我的金字塔'饮食计划"旨在提倡良好饮食的概念,提供个性化饮食计划。莎朗,律师助理,身高约合 1.74 米,体重约 77 千克,40 岁,活动量适中。下面是他的饮食计划。

"'我的金字塔'饮食计划"提供营养导则和练习指导,金字塔分段结构代表食品类别,为保持饮食结构平衡提供指导。

根据我们所提供的信息资料,下表是每日食用的各种食品的分量。

谷类 7盎司[1]	蔬菜 3杯	水果 2杯	牛奶 3杯	肉类和豆类 6盎司
全谷类食品占所食用谷类食品的一半 目标为每天生谷类食品摄入量至少3.5盎司	蔬菜多样化 每周： 深绿色蔬菜3杯 橙色蔬菜2杯 黄豆和豌豆3杯 淀粉类蔬菜6杯 其他蔬菜7杯	注意吃水果 食用各种水果 少喝果汁	食用含钙丰富的食品 当我们选择牛奶、酸奶或奶酪时，请选择低脂或脱脂奶制品	蛋白质瘦身 选择低脂肪的肉类，蛋白质多样化，多选择鱼类、大豆、坚果和种子
在饮食和身体锻炼活动之间找到平衡 每周多日至少每天进行30分钟身体锻炼活动		了解自己的脂肪、糖和钠摄入限量 允许每天食用6茶匙油 多余固体脂肪和糖限量——每天290千卡[2]热量		

我们的计算结果依据是2200千卡热量的模式。 姓名：＿＿＿＿＿＿＿＿

这个热量水平仅为我们所需营养的估计值。检测我们的体重，看看是否需要调整自己摄入的热量。

今天感觉更好：饮食多样化，合理选择食物

身体要维持最佳状态，每人每天需要摄入40种以上的营养素，这些营养素分为常量营养素（蛋白质、碳水化合物、脂肪）和微量营养素（维生素和矿物质）两大类（正如分类名称所示，常量营养素是需要大量摄入的，微量营养素只需要少量摄入）。常量营养素摄入过多将导致体重增加，而微量营养素摄入过多则完全有可能使我们中毒。如果身体没有需求，补充维生素和矿物质就是一种浪费。

---

[1] 1盎司约合0.3升。
[2] 1千卡约合4.186千焦。

世界上没有十全十美的食物,连牛奶都不例外。牛奶中没有维生素C和铁,所以给婴儿喂牛奶需要添加果汁和谷类。另外,很多人喜爱的天然食物中,甚至还含有天然毒素。例如,土豆有150种以上的天然化学物质,包括微量的砷和茄碱。如果只是少剂量,当然是安全的;但如果剂量过高就变成有毒物质了。保证饮食多样化,可以为人体提供丰富的营养,同时也可以减少有毒物质的侵害。

访问"我的金字塔"网站(www.mypyramid.gov),可以拥有个性化饮食计划,从而让身体更健康。如果希望每天平均膳食摄入热量控制在2000千卡左右,请参考下列建议——

谷类。每天摄入六大谷类食物,包括面包、米饭、麦片、意大利面食(通心粉和其他面食)。全谷类食物应占谷类食品的一半,营养丰富的谷类食品可以恢复精制食品中流失的营养素。如果真的要购买精制食品,应先确认下是否有添加剂,以恢复磨粉过程中损失的维生素B和铁。六种食品貌似很多,但其实一点也不多。很多人早餐习惯吃两种谷类食品。

蔬菜多样化。每天应该摄入2.5杯蔬菜,确保可以吃到不同颜色的蔬菜,这些蔬菜应该包含健康所需要的所有营养素和抗氧化剂。每周至少食用3杯深绿色蔬菜、2杯橙色蔬菜和3杯含淀粉蔬菜。

注意吃水果。吃新鲜水果,而不是果汁,每天吃2杯新鲜水果。例如,1根小香蕉、1个大橘子、6~8枚剖成两半的杏干。如果吃了一个新鲜的梨,那么吃梨干不要超过2块。

注意食用含钙丰富的食物。每天饮用相当于3杯分量的低脂或脱脂牛奶,1盎司奶酪或0.5杯脱脂干酪或1杯酸奶可以代替1玻璃杯牛奶。

第十九堂课　营养和压力

　　每天摄入 5.5 盎司蛋白质。选择每份脂肪含量低于 3 克的肉菜。多吃豆类，有助于提高蛋白质摄入量，降低脂肪含量。0.5 杯蚕豆、扁豆或大豆中蛋白质含量相当于 1 盎司的蛋白质含量。吃含有欧米加 −3 的鱼类，有利于控制 LDL（低密度蛋白）胆固醇。部分鱼类中脂肪含量是比瘦红肉的脂肪含量高的，而瘦红肉中含有大多数女性所需要的铁。烘焙或烧烤食品可以降低食物中的脂肪含量。用鸡肉做菜之前撕去鸡皮也可以减少脂肪含量，因为每份鸡脯上的鸡皮就含有 5 克脂肪。

　　油和脂肪，一般为多不饱和或单不饱和两类。每天摄入的单不饱和脂肪和油不可超过 6 茶匙（单不饱和油包括橄榄油和菜籽油）。

　　可以自由支配的热量。热量会增加身体中的脂肪和糖分。每天可以选择大约 250 千卡的小吃，来一两块麦片小甜饼。

　　谷类、水果和蔬菜中含有淀粉，可以补充身体所需。综合碳水化合物和纤维素会让人有饱腹感和满足感，新鲜水果和蔬菜则让人情绪稳定，"能量食品"则含有纤维素、维生素、矿物质和植物营养素（天然植物化学元素），可以有效预防糖尿病、癌症和心脏病等慢性病。碳水化合物含有色氨酸，可以刺激大脑产生血清素。血清素有镇定作用，可以让人放松，慢慢进入睡眠。这也是为什么吃一顿意大利面就会让人感到满足的原因。

　　有证据可以证明，要想饮食健康，就必须摄入纤维素（包括半纤维素、胶类和木质素）。纤维素可以增加大便体积和水分，加速排便，有助于缓解便秘，降低结肠癌和憩室炎的发病率，控制血糖和血脂。

　　每天需要摄入的纤维素为 25~40 克。但事实上美国人的日平均纤维素摄入量只有 5~10 克。新鲜水果蔬菜、全谷物和豆类是大多数人的主要纤维素来源。在膳食中加入豆类和麸皮食品或者麸皮，便可补充纤维素。谨记，要慢慢摄入，因为吃得太快会导致腹胀。

普通食物中的可食用纤维素	
食物类别	可食用纤维素含量
豆类	每份5.0~9.5克
未脱麸皮麦片	每份2.6~8.8克
水果和蔬菜	每份2.5~6.5克
谷类和淀粉类	每份2.8~5.0克
坚果	每盎司1.0~3.3克

今天感觉更好：多餐且平静进餐

主动花时间准备食物，少食多餐，进食的时候身心放松，这是健康的饮食态度。生活节奏的加快，食物种类的增加，都使得人们吃得太快，而无法享受食物带来的放松感。如果我们慢慢为身体添加养分，那么身体机能便会保持健康状态。血糖就如同汽油，如果油箱空了，车就无法启动。每次吃小份饭菜，一天吃三到五顿，有助于稳定血糖。

可以每周制定食谱和采购食材，做饭时多做一些饭菜或小吃，以便加餐，需要的时候加热即可，减少了外出的麻烦，经济又便捷。另外，带饭上班，加热一下便可做成美味的午餐。

我们在上班时，可以忙里偷闲享用自带的饭菜或小吃。同样，休息时，也可以稍微放松下或者发发呆。

今天感觉更好：提前规划食谱，学会享受食物

无论是在食品店、办公室、饭店，还是在外出差或开车接送孩子时，都可以设计一个食谱。

- 制定每周食谱和采购清单，既可以节省时间，又可以保证食材充足。
- 方便食品和那些花里胡哨的东西，能不买则不买。可以用健康的饭菜或者用全麦面包做一个三明治作为午餐。饮用无糖饮料或者来份低脂牛奶，再吃一片水果当甜点。与熟食相比，这些食物既便宜又健康。
- 出差、开车或者乘公交车时，可以带点切片水果、小胡萝卜、干酪棒，或者生杏仁。

今天感觉更好：平衡食物和活动的关系

新的"我的金字塔"计划中大约有三分之一内容由运动组成。在吃东西的同时，也要安排锻炼时间，至少每天要锻炼一个小时，强度适中即可。生命在于运动，如果我们比较活跃，身体也会感觉舒适。可以约朋友或者带狗一起散步，遛狗会让我们每天都保持散步的习惯。运动项目多样化，这样锻炼起来也不会感到枯燥。如果抽空锻炼成问题的话，可以上班时爬爬楼梯，或者将车停在离公司稍远的地方。详细请参见本书第二十堂课"运动减压"。

运动强度决定了"'我的金字塔'饮食热量水平"。除日常活动以外，如果每天连半小时的适度锻炼都做不到，可视为久坐不动了。适度运动意味着每天锻炼半小时到一小时。积极运动，意味着除了日常活动以外每天的运动时间超过一小时。

先确定运动强度，然后选择性别和年龄，就可以知道每天该摄入多少热量。接着请核对"'我的金字塔'饮食摄入模式"表，记录每日食品数量。然后，就可以根据自己的运动强度去评估膳食摄入量了。

"我的金字塔"饮食热量水平							（单位：千卡）
男性				女性			
运动强度	久坐不动	适度活动	积极活动	运动强度	久坐不动	适度运动	积极运动
年龄				年龄			
18	2400	2800	3200	18	1800	2000	2400
19~20	2600	2800	3000	19~20	2000	2200	2400
21~25	2400	2800	3000	21~25	2000	2200	2400
26~30	2400	2600	3000	26~30	1800	2000	2400
31~35	2400	2600	3000	31~35	1800	2000	2200
36~40	2400	2600	2800	36~40	1800	2000	2200
41~45	2200	2600	2800	41~45	1800	2000	2200
46~50	2200	2400	2800	46~50	1800	2000	2200
51~55	2200	2400	2800	51~55	1600	1800	2200
56~60	2200	2400	2600	56~60	1600	1800	2200
61~65	2000	2400	2600	61~65	1600	1800	2200
66~70	2000	2200	2600	66~70	1600	1800	2000
71~75	2000	2200	2600	71~75	1600	1800	2000
76+	2000	2200	2600	76+	1600	1800	2000

资料来自"美国农业部营养政策与促进中心"，2005年4月

"我的金字塔"饮食摄入模式

每天从各类食物中摄入的热量

热量(千卡)	1000	1200	1400	1600	1800	2000	2200	2400	2600	2800	3000
水果	1杯	1杯	1.5杯	1.5杯	1.5杯	2杯	2杯	2杯	2.5杯	2.5杯	2.5杯
蔬菜	1杯	1.5杯	1.5杯	2杯	2.5杯	2.5杯	3杯	3杯	3.5杯	3.5杯	4杯
谷物	3份	4份	5份	6份	7份	8份	9份	10份	10份	10份	10份
肉类和豆类	2盎司	3盎司	4盎司	5盎司	5盎司	6盎司	6盎司	6.5盎司	6.5盎司	7盎司	7盎司
奶和奶制品	2杯	2杯	2杯	3杯	3杯	3杯	3杯	3杯	3杯	3杯	3杯
油	3茶匙	4茶匙	4茶匙	5茶匙	5茶匙	6茶匙	6茶匙	7茶匙	8茶匙	8茶匙	10茶匙
可自由掌控的热量(千卡)	165	171	171	132	195	267	290	362	410	426	512

资料来自"美国农业部营养政策与促进中心",2005年4月

今天感觉更好:将人体摄入热量中的营养最大化

弄清楚自己应该摄入的热量总数之后,就要选择营养丰富的食物,包括含维生素、矿物质、纤维素、其他微量营养素的食品、新鲜水果、全谷类和低脂奶制品。阅读营养成分说明,就可以弄清食物中的热量。

糖类为人体提供了热量,但是营养却很少,所以要少吃加糖食物。糖类包括蔗糖、葡萄糖、果糖、果糖含量高的玉米糖浆、蜂蜜、槭糖浆。其他包括菜肴、软饮料、罐头、烘烤食品,还有其他甜食中都含有糖。美国人平均每人每年都要摄入59千克的糖和甜味调料。

小的时候，大人会拿糖来哄我们。长大成人后，我们会吃小甜饼、糖果或甜点来缓冲压力。与男性相比，女性更容易在甜食中寻求慰藉。因此，有人认为甜食能够促使人体释放内啡肽，产生让人愉快的天然镇静剂。糖可以为人体提供高能量，但是也会促使胰腺分泌胰岛素，胰腺分泌过多的胰岛素，会导致眩晕、易激怒、恶心和饥饿痛感等低血糖状况，这反过来又促使人体想摄入甜食。想吃甜食时，就吃一片水果。水果可以补充含糖食品所缺乏的合成糖、纤维素和维生素。

减糖提示：

・少用糖、原糖、蜂蜜、玉米糖浆或槭糖浆。

・少用含糖食品，例如糖果、小甜饼和软饮。

・选择新鲜水果或者罐装果汁，或者选择淡糖浆而非浓糖浆。

・避免食用含有大量蔗糖、葡萄糖、麦芽糖、右旋糖、乳糖或果糖的食品。

明天保持健康：减少摄入脂肪

《美国人饮食指南》建议，每个人应该摄取20%~30%的脂肪。虽然我们常听人说应该减少脂肪的摄取，也听到很多关于脂肪的负面新闻，市面上也有很多可替代的低脂肪食物，但只要肚子饿了，许多人会无意识地选择高脂食品。有很多低脂肪食物可以作为改变饮食习惯的替代品，但最好的低脂肪食物依然是水果或蔬菜根茎。书店书架上的低脂烹饪书籍，可以为人们提供丰富的食谱。脱脂沙拉酱或者香醋可以减少食物中脂肪的含量，即使工作忙碌没时间做饭的人也可以选择以"瘦身"或"健康"的冷冻主菜食品。购买之前请务必阅读成分说明，选择每份只含3克或3克以下脂肪的食品。

脂肪分为三类。*饱和脂肪*来源于动物脂肪，通常在室温条件下为固态。例如，可见的肉类脂肪、鸡皮和黄油。《美国人饮食指南》建议每日摄取的饱和脂肪应低于10%，饱和脂肪应尽可能少。*多不饱和脂肪*，如玉米油和红花油，放在冰箱里都会保持液态。*不饱和脂肪或单不饱和脂肪*在室温条件下呈液态，但是冷冻后就会变成固态。现在，人们更提倡单不饱和油，如菜籽油和橄榄油等，而不是多不饱和油。尽管脂肪与高血压和心脏病的确切关系仍有争议，但是人们普遍认为：饱和脂肪和转化型脂肪会增加人体中胆固醇的含量，从而使得心脏病和中风的发病概率提高。

尽管可以随手买到很多减少或改变脂肪摄入量的食品，但是人们还没研究过这些食品对健康的影响。莫利·麦克巴特是一种低热量黄油替代品。含欧米加-3脂肪的产品，有助于降低甘油三酯和胆固醇含量。像奥利斯特拉（商标名：奥利安）之类的脂肪替代品经过了化学变化，因此不被身体吸收。

植物固醇和固醇

人们在抹酱中发现了植物固醇和固醇。植物固醇和固醇是植物膜的精华部分，它的化学结构跟动物胆固醇类似。许多水果、蔬菜、坚果、种子、谷类、豆类、菜油都含有少量的固醇。

我们的脂肪摄入量是多少？根据下面的表格算一算。

我们的脂肪摄入量			
我们是否……	很少	经常	几乎总是
吃瘦肉、鸡或鱼？	1	5	10
吃高脂肪肉类，像熏肉、午餐肉、香肠吗？	10	5	1
每周只吃四个鸡蛋黄？	1	5	10
阅读成分说明并选择每份脂肪含量低于3克的食物？	1	5	10
会选择低脂或无脂奶制品吗？	1	5	10
控制油炸食品吗？	1	5	10
早餐会吃炸甜甜圈、羊角面包或小甜面包吗？	10	5	1
如果有减脂或脱脂产品，我们会选择吗？	1	5	10
烹饪时会控制人造黄油、黄油、沙拉酱和调料的量吗？	1	5	10
会用低脂早餐和午餐去平衡高脂晚餐吗？	1	5	10

我们的脂肪摄入量总分：_____。10~59分，表明我们还有待提高。60~79分，说明我们正在努力。80分以上，请继续努力！

明天保持健康：限制钠摄入量，增加钾摄入量

尽管钠对人体来说必不可少，但是大多数成年人都摄入过量。"膳食参考摄入量"建议成人每天摄入1300~1500毫克钠，即每天不到一茶匙盐。钠可以调节身体的液体，保持酸碱度，控制神经和肌肉活动。

人类摄入的钠主要来源于食盐（由40%的钠和60%的氯化物组成）和经过加工的食品，但是牛奶、奶酪、肉类和面包中本身就含有钠。一片面包中含有每日需要的最低盐量（230毫克钠）。

任何食品的钠含量如果超过500毫克，则说明钠含量过高。如果家人患有高血压，我们也许希望用DASH（阻止高血压饮食入门）饮食计划去限制钠摄入量。

钠过度摄入会导致高血压，并且会增加中风的概率。压力也会加剧这些状况，所以你要降低盐的摄入量。盐摄入过多会加剧浮肿状况，也会增加月经期前综合征发病率。钾的摄入能够抵消一些钠对血压产生的影响。

改变摄盐习惯小贴士：

- 避免食用咸味小食品，例如薯条、椒盐脆饼、坚果。
- 控制咸的调味品，例如酱油、泡菜、奶酪。
- 尽量减少熏肉、香肠、咸肉的摄入。
- 用香料或者香草代替盐来为食物调味。
- 炒菜时不要加盐，等出锅再加少许盐或者不加盐。
- 仔细阅读食品的成分说明，如果成分表中钠的含量位居前三位尽量不要选择。

明天保持健康：了解我们的理想体重和身体质量指数

BMI指数是用体重千克数除以身高米数的平方得出的数字，广泛用于评估人体胖瘦的程度，从而告知人们与体重相关的健康风险。BMI不涉及身体脂肪，也不考虑性别或年龄因素。当BMI指数为18.5~24.9，说明得体重疾病的概率较低；BMI指数为25~29.9，说明有可能得体重疾病；BMI指数超过30，说明患体重疾病的概率很高。

评估健康状况的另一个方法是腰围测量。有项针对两种体形的研究指出：与"梨形"身材的人相比，"苹果形"身体的人健康风险更高，因为"梨形"身材的人的重量都在臀部和大腿上。如果我们的 BMI 指数比较高，且女性腰围超过 35 英寸（约 89 厘米），男性超过 40 英寸（约 101 厘米），那么随着腰围尺寸的增加健康的风险也增加。

男女健康体重表（以美国人为准）		
身高	男性	女性
4英尺10英寸[①]		91~119磅
4英尺11英寸		94~122磅
5英尺		96~125磅
5英尺1英寸		99~128磅
5英尺2英寸	112~141磅[②]	102~131磅
5英尺3英寸	115~144磅	105~134磅
5英尺4英寸	118~148磅	108~138磅
5英尺5英寸	121~152磅	111~142磅
5英尺6英寸	124~156磅	114~146磅
5英尺7英寸	128~161磅	118~150磅
5英尺8英寸	132~166磅	122~154磅
5英尺9英寸	136~170磅	126~158磅
5英尺10英寸	140~174磅	130~163磅
5英尺11英寸	144~179磅	134~168磅
6英尺	148~184磅	138~173磅
6英尺1英寸	152~189磅	
6英尺2英寸	156~194磅	
6英尺3英寸	160~199磅	
6英尺4英寸	164~204磅	

---

① 1 英尺约合 0.3 米，1 英寸约合 2.5 厘米。
② 1 磅约合 0.45 千克。

明天保持健康：达到或保持我们的理想体重

尽管有很多减轻体重的饮食控制方法，但是控制体重的最佳方法依然是制订合理的长期饮食计划。我们知道，控制饮食并不能减轻体重，而"悠悠球"减肥法则会让人忽胖忽瘦，对身体伤害极大，甚至使减轻体重的过程变得更加漫长。

节食减肥之所以不奏效，是因为对于节食者来说，无法达到节食的目标。节食意味着吃的权利被剥夺，对此很多人无法接受。此外，节食也意味身体会出现饥荒，新陈代谢会随之减慢。节食得越厉害，体重就越不会减轻。即使体重明显下降的人，这种下降也不会长久保持，最终节食失败。这种悠悠球式减肥随着每一次新的节食，身体所需的能量便会减少一些，从而使控制体重更加困难。

与其为了减轻体重而不断节食，不如适度增加体重。为什么这么说呢？如果想避免体重增加，身体就必须消耗掉更多的热量，甚至要超过我们所摄入的热量。理想的方法就是少吃多锻炼。如果减少脂肪的摄入，人体就需要吃同等或更多数量的食物。

因此，控制体重的最佳方法是每天减少热量的摄入，并且通过锻炼燃烧热量。这就意味着，每天少吃一片面包，每大比现在多走一英里①路。从现在开始，一年以后体重就会减轻20磅！

节食只能让体重暂时减轻，控制体重却是陪伴终身的生活方式。这意味着坚持低脂肪烹饪法，习惯性地吃低热量低脂肪食品，每顿饭吃一点即可。

---

① 1英里约合1.6千米。

良好的饮食习惯和切实可行的锻炼计划，可以帮我们实现减肥这一目标。保持良好饮食习惯包括以下几点：

・切记慢慢吃。一小口一小口地吃，享受食物的色泽、气味。当我们吃完一顿饭后，记得要提醒自己吃饱了。

・专心吃饭。把吃饭当作一件重要的事情，吃饭时不要看书或看电视，这样我们才能享用食物的味道、颜色。

・规律进食。有些研究表明，每天吃3~5顿少量饭菜的人控制食欲和体重的可能性更高。因为他们不会饿过头，也不会吃得太多。每天都吃早饭的人所消耗的热量更少，所以体重控制得更好，心脏病的发病率更低。

・控制分量。每次吃4盎司。

・烦躁时不要吃东西。可以散散步或者给朋友打打电话，做一些自己喜欢的事情。

・生气时不要进食。给生气的对象写一封信（但是不要寄出），或者去跑跑步，或者做做园艺。如果想吃点什么，可以吃点胡萝卜或嚼无糖口香糖。

・疲劳时不要进食。可以去睡一会儿或者洗个热水澡，散散步或骑骑自行车也许会让我们恢复体力。

・焦虑或抑郁时不要进食。可以做运动，看看电影，找朋友聊聊天，或者想办法缓解焦虑。

明天保持健康：限制或避免咖啡因

咖啡、茶、巧克力、可乐和某些药物中的咖啡因含量相对比较高，咖啡因可能导致人兴奋、紧张、入睡困难和肠胃不适。美国医学协会建议的咖啡因摄入量每天为 200 毫克，或者饮用 1~2 杯过滤咖啡。

饮料和巧克力中的咖啡因含量		
饮料或巧克力	每份(盎司)	咖啡因含量(毫克)
现煮常规咖啡	8	80~35
现煮去除咖啡因的咖啡	8	5~10
速溶咖啡	8	65~100
现泡红茶	8	35~40
速溶茶	8	15
绿茶	8	15~30
罐装冰茶	12~16	9~50
可乐饮料	12	35~55
热巧克力	8	5~15
黑巧克力	1	5~35
牛奶巧克力	1	5~10

明天保持健康：适度饮酒或滴酒不沾

酒精可以缓解压力，也会让人对现实产生虚幻感。尽管有研究指出，饮酒可以延年益寿，但依赖酒精消愁却不可取。饮料中含有的酒精热量高营养低，过度摄入酒精会消耗维生素 B，改变血糖，升高血压，并破坏身体内部平衡。必须喝酒的话，一天小饮一两杯就可以了。

明天保持健康：每天服用一粒复合维生素片

20 世纪 90 年代初，美国国家科学院食品与营养品委员会开始修改膳食标准（RDAs），于是有了膳食参考摄入量（DRIs）。DRIs 包括推荐膳食标准（RDA）、适当摄取量（AI）和容许上限摄入量标准（UL）。旧版推荐膳食标准（RDAs）如今叫膳食参考摄入量（DRIs），DRIs是根据年龄和性别所推荐的每日营养摄取量，并且按照不同的水平定量，以满足健康人的需要，这些推荐量包括了因人而定的量。在维生素类产品和营养品的说明标签上也可以看到基于RDA的每日量值（DV）。

对于人体来说，少量的维生素和矿物质是有必要的，否则新陈代谢功能就会减弱。我们并不能做到每天完全按照推荐量进食，一粒复合维生素片恰恰可以补充这种不足。但是，维生素并不能代替合理的饮食。有很多化合物我们还不知道其具体功用，但它们在维生素和矿物质正常维持新陈代谢方面有着重要的营养价值。

复合维生素片可以为我们提供额外的维生素B。维生素B的缺乏与压力有关，而维生素A、E、C似乎具有抗癌功能。复合维生素片还可以补充在饮食中被纤维素钝化的任何矿物质。维生素可以缓解身体压力，而无法缓解心理压力。但是，补充维生素和矿物质要适量，不宜过多。

脂溶性维生素可在体内大量贮存，主要贮存于肝脏部位，因此摄入过量会引起中毒。新的证据表明，水溶性维生素如果超剂量服用可能也会让人中毒。连续服用超过3克的维生素C，会大大增加肾结石的发病风险。维生素C可以促进铁的吸收，维生素D、钙和磷可以促进骨骼新陈代谢功能，而维生素B可以燃烧体内的葡萄糖。维生素和矿物质是互相促进的，因此，一种维生素或矿物质的摄入，往往会导致另一种维生素或矿物质的缺失。因此，维生素或矿物质，都应按推荐剂量摄入。

膳食参考摄入量(为个人推荐的摄入量)				
	男 性		女 性	
年龄	31~50	51+	31~50	51+
蛋白质(g/d)	63	63	50	50
脂溶性维生素				
维生素A(μg/d)[1]	900	900	700	700
维生素D(μg/d)	5	10	5	10
维生素E(mg/d)	15	15	15	15
维生素K(μg/d)	120	120	90	90
水溶性维生素				
维生素C(mg/d)	90	90	75	75
维生素B_1(mg/d)	1.2	1.2	1.1	1.1
核黄素(mg/d)	1.3	1.3	1.1	1.1
烟酸(mg/d)	16	16	14	14
叶酸(μg/d)	400	400	400	400
维生素B12(μg/d)	2.4	2.4	2.4	2.4
矿物质				
钙(mg/d)	1000	1200	1000	1000
铜(μg/d)	900	900	900	900
碘(μg/d)	150	150	150	150
铁(mg/d)	8	8	18	8
镁(mg/d)	420	420	320	320
磷(mg/d)	700	700	700	700
硒(μg/d)	55	55	55	55
锌(mg/d)	11	11	8	8

---

① μg/d=微克/天

自我评估

饮食日记

如果我们打算改变自己的饮食习惯，得先花一点时间去记录自己三天内摄入的食物和饮品，这样我们会发现自己到底喜欢哪类食物，从来不吃哪类食物，自己吃了多少糖和脂肪。我们会发现饮食、情绪与饮食环境之间的关联。我们可以用自己的饮食日记去比较本堂课的导则，制订一个计划，以平衡饮食。定期这样做下去，我们就会发现自己的进步。

在开始行动之前，可以先看一下莎朗的日记样本。她不仅记录了自己吃的所有食物，还记录了进食环境以及当时的感受。我们也需要按照这种方式做记录。

以莎朗的日记和"'我的金字塔'饮食计划"为模本，填写"食物种类和份数"。下面是具体导则：

· 低脂牛奶算一份牛奶和一份脂肪，所以尽量喝脱脂牛奶。为避免摄入果味酸奶中的糖分，可以食用原味酸奶或淡酸奶。

· 酒类、小甜饼、蛋糕、油炸甜甜圈、冰激凌或小甜面包都算做零食。所有含脂肪或加糖的食物都算做零食。

· 注意薯条至少含有3茶匙油（等于3份脂肪食品）。

· 1~2汤匙沙拉酱算作一份脂肪。可以以橄榄油和醋作为健康调味品。

准备几份空白的"饮食日记"，记录至少三天的饮食情况，请准确记录进食时间和地点、当时的情景、与我们共餐的人，以及我们的感受。饮食经常与一些内部和外部信息联系到一起，依据这些信息我们或许可以发现自己为何形成现在的饮食方式。

第十九堂课 营养和压力

莎朗的饮食日记					
膳食	食物	数量	食物种类和份数	环境	感觉
早餐	燕麦 低脂牛奶	0.5杯 1杯	1份谷类 1份牛奶+1份脂肪	厨房，独自用餐	饥饿，匆忙
小吃	油炸甜甜圈 咖啡 加糖	1个 2杯 2茶匙	240千卡热量 2份咖啡因 糖， 36千卡热量	咖啡馆	开心，交际
午餐	三明治： 金枪鱼 全麦吐司 蛋黄酱 健怡可乐 苹果	 3盎司 2片 1大汤匙 12盎司 5盎司	2份肉类，鱼肉 2份谷类 3份脂肪 1份咖啡因 1份水果	在办公桌旁，一边独自用餐，一边工作	忙碌，有压力
小吃	葡萄	中串	1份水果	咖啡室	紧张，头痛
晚餐	汉堡包： 全麦小面包 生菜和番茄 蛋黄酱 薯条	6盎司 1个 2茶匙 4盎司	6份肉类 2份谷类 1份蔬菜 2份脂肪 1份蔬菜 3份脂肪	与家人一起在家用餐	疲劳，脾气不好
小吃	石板街冰激凌	0.5杯	250千卡热量	独自看电视	疲劳，厌烦

饮食日记					
膳食	食物	数量	食物种类和份数	环境	感觉

第十九堂课 营养和压力

食物种类和份数	第一天	第二天	第三天	日平均量	每天2000千卡热量的"我的金字塔"建议份数
面包和谷类一份（等于一片面包，0.5杯米饭、谷类或通心粉）	5份	6份	7份	6份	6份
水果一份（等于0.5杯或一只小苹果、小橘子）	1杯	1杯	2杯	1.3杯	2杯
蔬菜一份（等于0.5杯或一个4盎司的土豆）	1杯	3杯	2杯	2杯	2.5杯
牛奶、奶酪、酸奶一份（等于1杯牛奶或1盎司硬奶酪）	1杯	2杯	3杯	2杯	3杯
肉类、家禽、鱼	9盎司	6盎司	8盎司	8盎司	5.5盎司
脂肪和油一份（等于1茶匙油或1大汤匙沙拉酱）	7茶匙	4茶匙	6茶匙	5.6茶匙	6茶匙
咖啡因1份（等于8盎司）	3份	2份	4份	3份	0~2份
随意摄入热量(包括酒类)	526千卡	350千卡	450千卡	442千卡	270千卡 0~1份

莎朗的饮食日记汇总表

续表

食物种类和份数	第一天	第二天	第三天	日平均量	每天2000千卡热量的"我的金字塔"建议份数
面包和谷类一份（等于一片面包，0.5杯米饭、谷类或通心粉）					6份
水果一份（等于0.5杯或一只小苹果、小橘子）					2杯
蔬菜一份（等于0.5杯或一个4盎司的土豆）					2.5杯
牛奶、奶酪、酸奶一份（等于1杯牛奶或1盎司硬奶酪）					3杯
肉类、家禽、鱼					5.5盎司
脂肪和油一份（等于1茶匙油或1大汤匙沙拉酱）					6茶匙
咖啡因1份（等于8盎司）					0~2份
随意摄入热量(包括酒类)					270千卡 0~1份

表头：莎朗的饮食日记汇总表

饮食日记汇总

汇总每一天各类食品的总份额,将之填写在"饮食日记汇总表",再计算出三天内摄入各类食物的平均数,将这个平均数填写到"日平均量"中。将各类食品摄入平均数与汇总表第六栏中列出的理想份数进行比较。现在请填写我们的"饮食日记汇总表"。

为我们的营养健康负责

金字塔结构图是食品选择标准。再浏览一下我们的"饮食日记汇总表",将各类食品平均份数与理想份数对比。如果我们的平均份数低于建议值,就在空白处画一个钩;我们的平均份数超过建议值,就在空白处画一颗星号。

我们的饮食结构跟大多数人类似,还是更接近于国家推荐的饮食结构?很有可能,我们的饮食结构图里也是脂肪和糖分摄入太多,水果、蔬菜、粮食、面包、谷类摄入太少。

莎朗浏览了自己的汇总表以后,填写了自己的目标。

莎朗的目标		
食物类别	存在问题	解决方案
水果	没有达到目标	用水果代替冰激凌
蔬菜	因为不喜欢吃蔬菜,所以总是不够3杯蔬菜,而且我很少吃绿色蔬菜或颜色鲜亮的蔬菜	多吃沙拉,每个月增加一种蔬菜
肉类、鱼类	分量太大	每星期称一下分量

续表

莎朗的目标		
食物类别	存在问题	解决方案
咖啡因	咖啡因摄入过多	改饮养生茶，或者不忙的时候散步
随意摄取的热量	热量太高	上午工休时吃水果或淡酸奶

现在，请填写我们的积极饮食目标表。完成目标以后，再对比我们的"饮食日记"，重新看一下自己的进食环境，详细记录进食环境，这些也许正是不良健康饮食习惯的根源。例如，从莎朗的日记中可以清楚地看到，在办公桌旁边吃饭其实等于没有休息时间。当下午工作节奏加快时，工作效率可能会下降。

莎朗可以选择与朋友共进午餐，或者换个地方进餐，情况都会有所改观。而在咖啡馆里休息，她就有可能吃更多的高脂高糖小吃。如果带一片水果或一些淡酸奶去咖啡馆小坐，她不仅可以享受咖啡馆的好环境，还可以享用有营养的午餐。

立即制定个人积极饮食目标

我们希望自己的饮食环境进行哪些改善？

———————————————————————
———————————————————————

现在，重新看一下我们的"饮食日记"。翻阅一下莎朗的饮食日记，我们会发现，当消极情绪来临，比如感到紧张、头痛、厌烦、疲劳时，她便会吃一些让自己感觉舒服的食物，尤其是糖分比较高的食物。其实，有氧锻炼、社交活动或者放松练习的效果可能会更好。当她知道自己可能会陷入沮丧时，会事先准备一些低热量食物，当晚上感到疲惫时，早点睡觉或许就没有吃东西的欲望了。如果提早入睡导致第二天早起的话，她便可以慢慢享用早餐。我们的情绪如何影响自己的饮食？我们打算怎么改变？

改变饮食习惯得循序渐进，不可能一蹴而就。即便我们设定的目标只有一两个，至少也需要坚持一个月。一个月之后新的习惯养成后，再重新设定一两个目标。这样慢慢改进，大概半年之后新的生活方式就形成了。如果设定的目标太多，就会有压力，因此循序渐进才是可行之道。请注意，饮食上的改变必须注重口味，否则我们会觉得被剥夺了饮食的快乐，难以坚持自己的计划。

本堂课小结

我们有能力改变自己的饮食习惯，并且这种掌控感将会为我们带来截然不同的感受，只需牢记积极饮食十二步骤，并逐步改变食物的类型即可。在冰箱上贴上一份"'我的金字塔'饮食计划"，时时提醒自己，买菜时也就会避开高热食物。也可以到书店看看有没有低脂烹饪的书或杂志。食物是生活的必需品，也是一种人生乐趣。请选择积极健康的食品！

运动减压

The Relaxation & Stress Reduction Workbook

第二十堂课

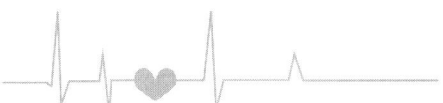

本堂课将学习如下内容：

· 通过运动降低应激反应

· 监测我们对运动的反应

· 激励自己开始行动，坚持自己的运动计划

各位学员好！我们今天来学习本门课程的最后一节。

锻炼是最简单、最有效的压力管理方法之一。人体本身就是为了运动而生的，因此，如果想使身体好，就需要让身体处于活跃状态。身体的应激反应，都会因运动得到缓解。

运动如何减轻压力

运动可以释放因压力而积聚的自然化学物质，使身体恢复到正常状态。借助不同的运动方式，我们可以从压力中抽离出来，获得复原力。运动有以下好处：

· 将内啡肽释放到我们的血流中，让我们感觉舒服一点（有的人称此为身体的"自然兴奋"）。

· 减轻因情绪压力导致的肌肉紧张，身心放松。

· 增加大脑中的 α 波活动，让头脑更清醒，注意力更集中。

· 排出体内毒素。

· 改善整个身体的灵活性和体态，从而缓解因压力导致的脊椎僵硬或疼痛现象。

· 减轻压力导致的消化不良和慢性便秘。

· 缓解疲劳，改善体能。

· 改善由压力引起的失眠症，增进睡眠质量。

- 从压力中抽离，更好地应对繁忙生活中的压力。
- 增强心肺功能，改善整体生理适应水平和健康状况。
- 增强静息（即休息时）代谢或能量支出，有助于减轻体重，整体形象得到改观。
- 会让我们认识到自己是有能力管理压力的。
- 大脑的血流量增多，从而让大脑得到滋养，有助于清除废物。
- 减少压力带来的疾病。压力所引发的疾病逐渐趋于上升趋势。不论年龄大小，只要通过规律运动，就可以恢复身心健康。

依据是什么

循证医学（EBM）。当讨论保健方案时，保健医生也许谈论过这个术语。有研究表明，运动，不仅可以缓解压力，而且能够延长寿命，让青春永驻。这里是过去10年中收集到的一小部分论据：

1. 1996年冬的《行为医学杂志》上，M.H.阿沙尔等人合写了一篇文章，连续对10周的有氧锻炼和渐进式放松训练计划进行观察记录，从而得出结论：有氧锻炼可以使人有效应对突如其来的压力，原因在于它可以降低心率和心脏收缩血压，还可以在目标运动任务方面产生较好的表现。

2. 在1997年发表的关于锻炼和放松的一篇文章中，R.J.谢泼德总结出，急性压力有可能抑制免疫功能，慢性压力则可能让我们偶染"导致寿命变短"的小毛病。他建议，可以选一种强度适中不含竞争的运动，以获得放松。

3. 昂格尔、约翰逊和马克斯则建议人们进行身体锻炼和社会活动，以延缓中老年以后功能性衰退的影响。

4.肯尼迪和牛顿的研究表明，高强度的有氧锻炼可以增强人体活力，同时可以缓解紧张、抑郁、疲劳和愤怒等情绪。

5.杜克大学医学中心的一项研究证明，对于糖尿病患者来说，压力会导致血糖升高，从而引发并发症。

6.事实证明，太极拳这种古老的锻炼方式有助于降低血压，从而抑制压力的产生（《科学日报》，1998年）。

运动类型

运动分为三大类：有氧/心血管类、拉伸/灵活类和健美/增强类。完整的锻炼计划，必须涵盖这三种运动。

有氧/心血管类

有氧锻炼具有重复性和节奏感的。所谓的有氧锻炼，就是持续锻炼身体大肌肉群，特别是四肢大肌肉群，其目标是增强心血管系统功能和人的耐力。有氧锻炼可以强健肌肉群，从而改善身体，让人保持健康。如果想达到这种效果，就需要选择一项运动可以让我们达到目标心率。

跑步、慢走、快走、游泳、骑自行车和跳舞，都是广受欢迎的有氧运动。可以根据自己的生活习惯和身体条件选择适合的运动项目，可以每天进行一定量的运动，譬如散步、爬楼、打扫房间、购物和园艺。如果想知道自己一天的运动量，可以将计步器别在衣服上，记录每天走过的步数。2000步左右相当于1英里，如果每天连2英里都走不到，那我们应该是一个运动量很少的人，需要逐渐开始锻炼。为了让我们的运动计划更加完美，应该有拉伸和健美锻炼这些项目。

> **有氧锻炼锦囊妙计**
> 频率：每周几乎天天都锻炼
> 持续时间：不间断地连续锻炼30分钟
> 强度：最高心率的60%~75%

拉伸 / 灵活类

与有氧运动相比，拉伸和健美运动强度不够剧烈，持续时间也不够长，无法增强心血管功能。不过，拉伸和健美可以增强肌肉力量和灵活性，锻炼关节。如果懒于运动，或者身体处于亚健康状态，拉伸和健美是有氧运动的第一步，同时可以降低心血管疾病的风险。

拉伸时一般动作缓慢、持续、放松，所以坚持至少30分钟才能开始起效。不需要准备专门的衣服或器械，也不需要专门的场地，很方便。拉伸能促使肌肉张弛，改善血液循环。做有氧运动前后，进行拉伸可以避免受伤。拉伸，缓慢持续，可以让我们集中注意力并且身心放松，也可以缓解焦虑，睡前拉伸还有助于睡眠。典型的拉伸运动就是瑜伽。

> **拉伸妙招**
>
> 频率：有氧运动前后都可以拉伸。即热身时只要觉得有压力、紧张、僵硬或疲劳，都可以做拉伸。
>
> 持续时间：刚开始练习30秒钟即可，动作不要太剧烈，逐渐将拉伸时间增加至2分钟，保持呼吸均匀，并注意身体的反应。

健美/增强类

健美需要收紧肌肉，并且重复次数较多，所使用的哑铃较轻。仰卧起坐锻炼腹肌，下蹲锻炼大腿肌，抬脚跟锻炼小腿肌，俯卧撑锻炼臂肌和胸肌，这就属于典型的健美运动。肌肉强化是肌肉健美的下一步骤。强化锻炼使用的哑铃较重，重复次数较少，这样可以减少练习难度，增强肌肉力量。增强肌肉力量有三种方法：向心锻炼法、静力锻炼法、离心锻炼法。

1. 向心锻炼法。向心锻炼通过一系列的运动，抵抗阻力，缩短肌肉，使用负重器械、弹力绳、抗阻力负重器械，可用于增大肌肉，或者健美。肌肉越发达，就越有力量、耐力和速度。健美后身体看起来更结实，可以有效保护关节。向心锻炼可以让身体维持苗条，缓解压力。

2. 静力锻炼法。静力锻炼可使肌肉收缩，并不会改变肌肉纤维长度。例如，双手合在胸前对推，会感到胸肌绷紧。静力锻炼能增强肌肉力量，但不会增大肌肉体积。

3. 离心锻炼法。离心锻炼通过一系列的运动，抵抗阻力，拉长肌肉。例如，下楼梯需要用到离心拉长四头肌（前大腿）肌肉群，而上楼梯是同样部位的这些肌肉，则必须向心缩短。

> **健美妙招**
>
> 如果只是为了健美,而不想增大肌肉体积,可以少做抗阻力运动,多做重复运动。比如使用重量适中的哑铃,做 3 组举重运动,每组重复 10 次。
>
> 反之,如果想增大肌肉体积,可以少做重复运动,多做抗阻力锻炼。可以使用重量级哑铃,每组动作重复 8~12 次。

> **整体锻炼项目锦囊妙计**
>
> 2006 年健康和运动委员会的建议
>
> 第一阶段:将运动作为例行工作的一部分,每天做运动。
>
> 第二阶段:开始散步,或者进行其他低强度运动,以锻炼耐力。
>
> 第三阶段:根据年龄和健康状况决定运动强度和时间。
>
> ·每天都做 30 分钟左右的拉伸锻炼和一些轻度有氧运动。
>
> ·每星期抽出 3~4 天时间做 20~30 分钟的高强度有氧运动。
>
> ·每周抽出 2 天强化锻炼所有大肌肉群(每次 1~2 组,每组重复 8~10 次)。
>
> 第四阶段:享受各种运动的乐趣。

主要疗效

良好的运动习惯可以有效缓解由压力引起的慢性肌肉紧张。坚持运动能使身体保持灵活性,保持较好的体态,缓解因压力引起的腰痛。良好的运动习惯还可以改善新陈代谢功能,从而减轻压力导致的消化不良和慢性便秘状况。再者,运动可以抵御压力导致的疲劳和失眠现象。最后,运动有助于缓解易激怒、抑郁和焦虑等情绪。当我们专心运动时,情绪便会退居二线。

所需时间

制订一个为期 8 周的运动计划,每周至少锻炼三次。请严格遵守日程表,坚持记录进展。8 周结束时,我们将会惊奇地发现身体感觉是如此之好。

制订运动计划

现在我们已经认识到运动的诸多好处。开始运动的人可以忽略这一节。如果尚未开始,请想想具体原因。

- 太累了
- 没有时间
- 事情太多没有时间
- 工作就等于运动
- 不在状态
- 天气不好
- 太不好意思
- 我不希望看起来像个健美运动员
- 运动会增进食欲,我会长胖的
- 年纪太大了
- 运动太没意思了
- 我怕自己看起来很傻
- 还有比运动更重要的事情
- 太胖了,很难动弹

· 运动会让我受伤

想不运动可以找很多借口，这些借口可以成功地打压锻炼的欲望。想克服懒散，就必须勇敢地面对自己的各种借口。如果觉得缓解压力很重要，那么我们便会抽出时间去锻炼。选择自己认为有趣的锻炼项目，就更有可能坚持下去。锻炼时要坚持每天记日记，这将有助于发现可以锻炼的时间段。每次至少花10分钟时间去散散步或者进行一些其他运动。另外，要把自己不想锻炼的想法记录下来，当产生这些想法时自己的应对方法也记录一下。

下面是"见缝插针锻炼日记"的一个范例：

安吉拉的"见缝插针锻炼日记"		
时间	可以抽出时间锻炼的机会	愿意锻炼和不愿意锻炼的理由
7：45	将狗放到院子里	我要迟到了，早上不能遛狗了
8：15	开车去上班	步行太远了，自行车轮胎也没有气了
10：00	和同事一起开车去三个街区以外的地方出席特别会议	我本来可以步行的，但朋友请我搭顺风车
12：00 1：00	开车去吃午饭。 打电话给同楼不同楼层的同事	我也想步行，但是好像要下雨了。 打电话效率较高
3：00	步行去邮局	我需要拉伸一下双腿的肌肉
5：00	瘫倒在家里的沙发上	我可以去慢走，但是我很累，也长胖了不在状态
7：30	重新坐在沙发上	我可以去遛狗，但是天黑了，也不安全，我还头疼，明天再遛吧

下面的表格至少复印三份，以备后用。

见缝插针锻炼日记		
时间	可以抽出时间锻炼的机会	愿意锻炼和不愿意锻炼的理由

· 翻阅日记，看看自己曾经说过的话，想想这些借口能找到充分的理由吗？

· 如果明白锻炼的重要性，我们就会创造条件运动的。对于整日忙碌的我们来说，运动是压力的出口。如果不运动，我们就很难应对压力。运动给予我们能量，让我们保持健康的体魄。

· 虽然我们认为运动很好，但我们或许还是不愿意行动，依然久坐不动。那是因我们有些消极情绪，所以很难开始运动。可以加入一个锻炼社团，或者和一个有运动习惯的朋友一起运动。请谨记这一点：运动是不分年龄和身体状况的。

如果担心受伤，书籍、培训班和有经验的专业人员可以为我们提供专业知识，告诉我们如何安全运动，在锻炼过程中期望达到什么效果，以及如何应对困难。

安吉拉对不去锻炼的原因的反应	
不去锻炼的原因	反应或者措施
会迟到……不能遛狗	早上起得晚，其实是很难有时间去遛狗的 我会将闹铃提前15分钟，闹铃一响就起床
车胎没气了，没法骑着上班了	我只是不想骑自行车去上班，但是可以补好车胎，周末骑车去乡下玩
没能谢绝搭朋友的车	虽然我可以拒绝朋友的好意，但是我总是不好意思，我以后会请求朋友和我一起步行去参加会议
开车去吃午饭节省时间	步行去吃午饭再走回办公室，一个小时够了
因为可能要下雨，所以开车去吃午饭	这个借口最勉强了。带把伞或者在楼下餐厅吃饭就可以了
打电话比较快	的确是这样，但当面交流更方便，这个时间我还是有的
我太累了，身体不在状态，也太胖，不能慢走	这都是因为缺乏运动，也正是运动的理由
天黑以后社区不安全	我可以让老公陪我散步，或者在家运动，加入一个健康俱乐部，或者白天去运动也可以的
我头疼	这正是需要运动的理由
明天再遛狗吧	我最喜欢找的借口。我马上去遛狗

安吉拉仔细阅读了自己不去锻炼的原因，然后找应对方法。

为自己选择最佳运动方法

如果无法确定自己愿意尝试哪一种运动，可以回答下面的问题。

  1.我们现在的身体怎么样？1是"身体不好"，5是"亚健康"，10是"非常健康"。请根据身体状况，在下面的数字上画圈，并且写上评语。

  1 2 3 4 5 6 7 8 9 10

_____
_____

  2.我们期望从运动中获得什么？

_____
_____

  3.我们每天愿意花多少时间运动？每星期呢？我们喜欢在什么时间段进行运动？这个时间跟我们的日程表冲突吗？如果将运动纳入日程表，我们需要作什么改变？

_____
_____

  4.如果不在家运动，我们愿意去多远的地方运动？

_____
_____

  5.我们愿意在运动装备、培训课或者俱乐部会费上花多少钱？

_____
_____

  6.我们尝试的运动、喜欢和不喜欢的运动项目都是什么？我们曾经想尝试什么运动？竞赛型体育运动、进阶式培训课与自发性计划、单独锻炼与结伴锻炼、室内锻炼与室外锻炼?

回答完这些问题,我们大致能够判断出适合自己的运动项目。如果我们已届中年,体重超标,或者天生懒散,初期的运动方式可以选择散步。对于体重严重超标或者骨头和关节有点毛病的人来说,游泳比较合适。如果工作需要我们整天和人打交道,散步、骑自行车或者游泳这些一个人就可以完成的项目挺不错。如果总是一个人做事,我们也许更愿意与朋友一起运动,或者参加位于社区里的活动。

也许平日生活就比较紧张,需要用运动释放紧张情绪,可以选择跆拳道或武术,或者像篮球或网球之类的竞赛型体育运动。如果下班后觉得好像"浑身无力",可以进行瑜伽或者太极拳这种需要集中注意力的运动项目。下面的运动清单着重标出了各种运动的利弊,有助于我们选择合适的运动项目。

制定目标

目标的制定需要具体、有度、现实、可以达到,还需要考虑自己整体的健康状况、目前身体状况、医生建议、年龄、可利用资源、时间限制,以及个人兴趣。请将自己的目标贴在随手可以看到的地方。

制定目标时,一般都希望在自己方便的时间运动。一旦确定了最理想的锻炼时间,就应该坚持,并且要制定一个短期目标。请注意以下事项:

- 早上锻炼，天气凉爽人少。
- 中午锻炼，天气比较暖和，但是人比较多。
- 黄昏锻炼，气温低了下来，但很有可能人比较多。
- 天冷锻炼，需要多穿几件衣服，戴上帽子，以防热量流失。
- 天气又热又潮时，要多喝热水。眩晕、周身无力或者疲劳过度，都是提示我们中暑了。在这样的日子里，人会多出汗，如果不出汗，体温便会升高得厉害。这就是为什么要多喝水的原因。
- 如果晚上在城市街道上锻炼，要穿上反光服；在街上行走，要带上身份证、声音响亮的哨子，还有手机。这时最好和朋友一起锻炼。
- 饭前或者饭后间隔两小时适合运动。
- 要坚持自己的计划，两个月内每周至少锻炼三次。告知朋友、家人和同事自己要锻炼，他们可以给予我们支持和鼓励。
- "生活需要多样化"是真理，所以建议选多个运动项目，避免枯燥。

有氧运动的类型		
运动项目	优点	缺点
篮球	有挑战性 很好的全身运动	需要场地和人员
骑自行车(户外)	景色不停地变化会增加骑车的兴趣。骨头、关节都没有压力，可以很好地锻炼双腿和心脏	需要置备自行车和头盔 需要知道如何修补轮胎 交通状况随时都有变 遇到恶劣天气需要备选方案 手臂得不到锻炼
骑自行车(固定式)	不受气候或交通情况影响 不会爆胎	需要有一辆固定健身车 有些单调乏味

续表

有氧运动的类型		
运动项目	优点	缺点
跳舞	很有趣，特别是如果我们喜欢音乐的话 很好的全身运动	如果在硬地板上跳舞，可能会导致骨头和关节受伤
徒步旅行	可以到户外呼吸新鲜空气和亲近自然	需要徒步运动鞋 如果在遥远或不熟悉的地区徒步旅行，可能需要其他装备或者防范措施
武术	具有挑战性 很好的全身运动	需要掌握技能 通常需要一个伙伴或班级 需要空间
壁球	很好的全身运动	需要去球场 需要一些技能 需要一个伙伴 对于初学者可能有难度
跳绳	经济而方便 器械小巧便于携带 可以一个人完成 随时随地都可以跳绳	需要一些技能
划船	可以让人非常放松 很好的全身运动	需要一条船和适合的水域
划船（固定式）	可以在室内进行	需要到有设备的地方去 可能会单调乏味
快跑或慢跑	可以欣赏风景的变化 仅需要一双跑鞋 可以一个人或者与其他人一起跑 很好地锻炼双腿和心脏	造成关节磨损和拉伤 运动不当可能会带来伤害 对于初练者或超重者来说有些困难 比其他运动花时间学习和体会其中的乐趣
滑冰(旱冰或真冰)	可以一个人或多人	会擦破膝盖和双肘 需要技能 需要装备并需要去溜冰场
滑雪(越野或障碍型)	享受大自然的好办法	需要技能 需要装备并需要去雪地
滑雪(在滑雪机上越野)	可以在室内完成	需要技能和协调能力 需要去有设施的场馆
爬楼梯	不需要技能	可能很枯燥

续表

有氧运动的类型		
运动项目	优点	缺点
游泳	很凉快 缓解关节疼痛或肌肉无力，锻炼手臂、双腿和胸部的大肌肉群	需要会游泳并需要去游泳池 如果我们对氯过敏，是无法游泳的
太极拳	低碰撞性运动 增强平衡性 增强力量和灵活性	需要教练 练习后才能掌握技能
网球(单打)	很好的全身运动 可以与其他人一起打球	需要技能 需要装备并需要去网球场 不能一个人打
快走	随时可以进行 仅需要一双鞋	比其他运动形式更花时间
举重	突显肌肉轮廓的好方法	需要去装备自选重量器械或负重器械的场馆
瑜伽	改善力量、平衡和柔韧性	需要教练 练习后才能掌握技能

运动计划范例

热身运动

首先必须进行轻度热身，让肌肉、心脏和肺拥有更多血液，从而增强新陈代谢功能，提升体温，降低受伤或抽筋的风险，并且能够缓解全身肌肉酸痛，避免身体突然受到太大的压力，为更高强度的运动做准备。

· 热身时间：运动之前做 10 分钟的拉伸或轻微的有氧活动。

热身以后进行有氧运动

快走或慢跑是最简单、最方便的有氧运动项目。因此，本节以快走和慢跑为例，来阐明有氧锻炼的原理。用类似的方法，可以练习跑步、骑自行车、游泳、越野滑雪、跳绳等项目。

运动时大骨骼肌一张一弛，刺激血液流过动脉、静脉、心脏和肺。像汽车上的速度表一样，心率会显示锻炼的强度程度。速度太快要减速，速度太慢要加速。

心脏的工作速率以每分钟的跳动次数来测量，可以静坐轻按脉搏测量。左臂佩戴一块有秒针的手表，右手掌心转向我们的身体，左手食指和中指的指尖紧紧按在右腕拇指与手腕连接的骨头附近，就会感受到脉搏跳动。10秒钟的脉搏跳动次数乘以6，就可以知道每分钟的心率了。也可以参照下表查询每分钟的心率，下面用圆点标出的"长度"代表锻炼应该花费的时间。

- 初级锻炼时间长度：10~20分钟
- 中级锻炼时间长度：20~40分钟
- 高级锻炼时间长度：40~60分钟

每10秒与每分钟的心率															
如果我们10秒内心率为	10	11	12	13	14	15	16	17	18	19	20	2l	22	23	24	25
那么我们每分钟的心率为	60	66	72	78	84	90	96	102	108	114	120	126	132	138	144	150

正常静态脉搏跳动为每分钟100次。下表是不同年龄组人群的估计心率。

所选年龄组人群的估计心率		
年龄(岁)	平均最大心率（心跳次数／分钟）	目标心率（最大心率的60%~75%）
20~24	200	120~150
25~29	195	117~146
30~34	190	114~142
35~39	185	111~138
41~14	180	108~135
45~49	175	105~131
50~54	170	102~127
55~59	165	99~123
60~64	160	96~120
65~69	155	93~116
70+	150	90~113

按照目标心率运动可以让心脏所承受的压力在预计范围之内，这样人体所承受的就是一种积极的压力，从而起到增强心肌，改善心肌效率的作用。运动时要检查心率，并与自己的目标心率比对，便知晓自己是运动强度过大还是不足。如果当前心率高于目标心率，要减少运动量；如果当前心率低于目标心率，要加大运动量。

如果身体处于亚健康状态，快走可能会增加脉搏跳动的次数，超过我们那个年龄组人群最大心率的60%。心肺状况得到改善时，可以提高步速，或者练习慢跑，以达到自己的目标心率。下面有三个简单测试，有助于我们确定自己的步行或者慢跑速度。

测试1：自然行走5分钟，然后测一下自己的脉搏，此时心率会立即下降。如果脉搏速度低于同龄目标心率，请进行测试2。如果达到目标心率，则每两天按照同样的步速行走，直到心率降到最大心率的 60% 以下。

测试 2：以充满活力的步速走 5 分钟，然后再次测量脉搏。如果心率未达到自己最大心率的 60%，请进行测试 3。如果脉搏速度在目标范围之内，每隔一天行走，直到脉搏速度低于自己的目标心率。

测试 3：慢跑 1 分钟，再快走 1 分钟，反复进行 5 分钟，然后测一下脉搏。如果未达到目标心率，则每隔 1 天慢跑锻炼。如果已经达到自己最大心率的 60%，则需要每隔 1 天慢跑 1 分钟再快走 1 分钟交替进行，直到脉搏低于目标水平为止。当我们行走时间缩短时，增加慢跑的时间。

需要频繁检查脉搏，直到心率在目标值范围之内至少 20 分钟的步速，之后每周检测一次脉搏跳动，以确定目标心率的维系。

习惯之后，需要逐步增加慢跑甚至快跑的时间，以保持心率在目标心率区内。继续慢跑，直到跑不动为止，然后改为快走大约 1 分钟。假如我们运动时还能唱歌，说明我们不够努力。慢跑时应该保持能与人聊天而不感到胸口憋闷的水平，否则说明跑得太快。

平静下来，结束锻炼：让身体安全地恢复到锻炼前的状态

结束运动之前，要保持平静的情绪几分钟，这样可以降低新陈代谢的速度和体温，并且让心率放慢，也可以防止肌肉酸痛。

结束慢跑或快跑时，应慢走 5 分钟，步伐可以迈大一些，双臂轻轻摆动，甩动双手。拉伸和健美锻炼也可以用于放松。

·锻炼时长：锻炼以后进行 10 分钟的拉伸或轻度有氧运动。

特殊注意事项

避免受伤

减少受伤的方法:

· 锻炼之前需要检查身体。对于上了年纪、身体状况不是很好、肥胖、正在重病或手术之后恢复期的人,或者正在进行药物治疗的患者来说,这一点是很重要的。

· 遵守医生的建议。

· 逐渐增加运动强度。

· 制定可行的目标,监测进展。

· 每周都锻炼,而不是仅仅在周末锻炼。

· 在目标心率范围之内锻炼。应确保自己在运动时可以自如交谈,喘不过气说明需要放慢速度。

· 在达到目标心率之前,要进行热身锻炼;达到目标之后,总是需要平静一段时间再结束运动。

· 饮用大量饮料,以补充水分的流失。

· 身体不适时,请勿锻炼。

· 吃完饭勿锻炼,因为此时输送到大肌肉的血流量有限。

· 腰疼或者膝盖和脚踝受伤,请勿让脚踝或手臂负重。这会增加背部和关节的压力。

· 鞋要舒服一些,以便让双脚和脚踝有好的支撑。累积跑完400~600英里以后,或者每隔六个月就要更换新的跑鞋。

· 衣服也要舒适、轻便、宽松合体。热身和有氧运动期间身体会升温，需要脱去衣服，而当平静放松时体温会下降，需要添加衣服。

·使用推荐防护装备。

·倾听身体的声音。头几次锻炼时我们也许会有疼痛感，但是不会有阵痛感。

如果出现以下状况，应该联系医生：

·心率不规律，脉搏跳跃

·心率要花15分钟以上才能平静下来

·胸部、肩膀、胳膊或颈部紧张、有压力或者疼痛

·眩晕或者恶心想吐

·稍微活动就觉得呼吸短促

·运动之后，久久无法恢复体能

·无论何时锻炼，都感到浑身剧烈疼痛

坚持下去

有两个困难需要克服：一是开始难，二是坚持难。如果我们已经按照前面说的做了，那么便跨越了第一个障碍。而坚持运动其实更难。选择我们喜爱的运动项目且交叉练习，那样我们的运动选择会更多。想想成功的喜悦，请坚持下来吧，直到它成为每天的习惯。

祝贺我们！通过规律锻炼，生活的压力正在慢慢缓解。

复印几份"锻炼日记"，坚持填写几周，直到锻炼成为例行工作的一部分。

锻炼日记

第几周：＿＿＿＿＿＿＿＿

目标心率：＿＿＿＿＿＿＿＿

切记热身和平静放松。

日期	活动内容	地点	距离或持续时间	评价、想法、感觉
星期一				
星期二				
星期三				
星期四				
星期五				
星期六				
星期日				

直面阻力

The Relaxation & Stress Reduction Workbook

结 语

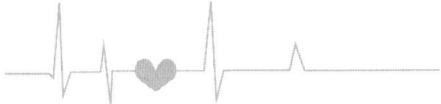

20堂课里，我们介绍了很多缓解压力和紧张的方法。只要坚持用这些方法练习并做好记录，我们会发现它会渐渐替代旧有的应对压力的方式。例如，我们或许已经发现，练习缓慢的深呼吸，而不是短促的收缩式呼吸，会让我们感到放松。这种来自身体的积极反馈会更容易让我们改掉容易触发焦虑的浅呼吸。不过，多数人从旧习惯转为新习惯过程中都会遇到困难。旧习惯为什么难以去除，甚至我们已经意识到他们会给我们带来压力还是难以改掉？

如果我们发现自己错过了某次练习，或者觉得练习起来太困难了则可以问自己：

1. 为什么要做这些练习？我期望获得什么？
2. 对于我来说，这些理由很重要吗？
3. 如果不进行这些练习，我会干什么或者我会喜欢干什么？
4. 对于我来说，这项活动是不是比练习更重要？
5. 我是不是能够同时进行练习和这项替代活动？
6. 如果现在不练习，什么时候、什么地方我会练习呢？
7. 如果想坚持练习，将必须放弃什么？
8. 如果坚持练习，将会遭遇什么？

第16堂课"目标设定和时间管理"涵括了许多主题，是有助于我们的练习的：(1)明确生命中重中之重；(2)制定目标；(3)实施行动计划；(4)评估自己的时间安排；(5)克服拖延的习惯；(6)组织并安排好时间优先顺序；(7)应对过度刺激。

为我们的决定负责

如果奖励微不足道，就很难主动学习。当精力不济时，我们应该想想是否坚持自己的选择。如果我们决定放弃，那么，请权衡利弊，并确定下一次练习的时间和地点，这样，我们也许会少几分内疚。

我们不想练习的借口是什么？典型的借口是："我今天太忙了""我太累了""少练习一次也没有什么""戴维让我过去帮忙""这没有什么用""这很枯燥""我今天觉得挺放松的，就不需要练习了吧"，或者"今天感觉很糟糕，没法练习"。这些借口乍听起来理由十足，因为有些情况确实客观存在。比如我们真的很忙、很累，或者朋友需要我们帮忙，少练习一次真的没什么大不了的。但其实更真实的理由也许是："我的确可以练习，但是我真的很累，所以我选择不去练习。"或者："虽然我可以去练习，但是我想去给戴维帮忙，而不是选择去练习。"这里的重点是，我们选择了优先级别更高的事情，而不是假装自己很被动、很受伤。我们对自己的这一决定负责，毕竟，是我们掌控着自己生活的平衡。

勇敢面对我们的借口

我们之所以这样，可能是因为生活太封闭了。这些借口的前提都是不靠谱的。比如，一个领导整日忙忙碌碌，他觉得没有做完工作就不应该休息。他觉得自己休息了，部门任务就无法完成，也无法完成年终指标。年复一年，他变得既焦虑又抑郁，不但难以维持各种关系，身体也出现了病状。他一贯做事亲力亲为，总是要亲眼看见部门的工作都完成以后才会放心，日子久了精力损耗必然很大。实际上，工作是永远做不完的，因此永远也没有放松的时候。

其实，他忽视了一点，放松和再补充自己生命能量也是必不可少的。在他心目中，"工作是第一位的，自己是第二位的"。他没有意识到，通过放松片刻和暂时离开压力性活动来保持身心健康也是很重要的。假如我们像他一样对自己说："一切都离不开我。如果我不去做就没人去做……"那么，我们确实需要将健康置于重要地位。保持工作效率和健康的关键是让生活处于平衡状态。

如果我们精力旺盛，总是喜欢努力追赶，那么在练习时我们应该放慢速度。总是想证明自己，或者总是需要有人催促才做事，只会给我们带来更多的压力。带着满腔的热情，我们可能会开始大量地练习，或者只要开始就停不下来。动作过猛，就有可能精力过度损耗，对练习失去兴趣，我们会为此而感到内疚。之后我们就会找理由逃避练习。（"我已经够忙的了，为什么还要给自己增加负担？"）另外，当我们意识到放松和减压练习的好处时，我们可能会为此感到困惑。别接着就投入工作，而应该积蓄精力，更好地休息和娱乐。

如果我们发现自己总是说"我只是今天不愿意练习，也许明天就愿意练习了……"，我们应该好好想想，或者跟自己好好"谈一谈"。在做事之前就产生动机，这是不可能的。动机常常是在行动中产生的。例如，快走10分钟我们觉得非常好，我们可能还想接着快走，但这时我们应该告诉自己，只能走5分钟或者10分钟。一种常见的情况是，很多人一旦投入，便会一鼓作气，不完成誓不罢休。

就算没有动机，我们也可以每天做5分钟或者10分钟的练习。有时候，缺乏动机是因为抑郁，不过，当我们变得比较积极时，抑郁往往消失。请告诉自己："不想练习是很自然的。那又怎么样？不管怎样都要练习！"

行动的障碍

假如我们只是学了我们这门课，而没有行动，那学到的只是皮毛。表面上看，我们明白了练习的意义，事实上我们只是停留在思考阶段。或者，我们确实做了一些练习，但是从来没有在生活中运用。对于蜻蜓点水的人来说，这门课就是观点新颖，而没有实际用途。

有些人被新的东西吓怕了，而无法迈向成功之路。有时候，练习放松会导致四肢疼痛，我们也许会停止练习。但是，如果坚持下去，我们会发现这种疼痛不仅不会对身体产生伤害，而且还会慢慢消失。我们可能会因为某件小事停止练习，而不是改变练习方式接着练习，也有可能我们会放弃整个练习计划。也许我们不理解练习中的某个步骤，不想去尝试，而是把整个步骤给放弃了。我们可以独自一人，或者找一位愿意一起练习的朋友，一起克服困难，这将是一段难忘的成长经历。

当状况顽固时

有时候我们尽管做了定期放松和减压练习，压力仍然没有缓解。如果在练习过程中我们一直很积极并且持之以恒，这样的结果可能会让我们感到沮丧。以下我们将会发现这种现象的几个原因。

我们容易受暗示吗？

有些人容易被人暗示，一听说什么状况，便开始经历他们所说的每一种状况。例如一个精神总是处于紧张状态的警察，为了克服压力，加入了一个放松练习小组。像其他组员一样，他的身体开始出现周期性偏头痛、腰疼、心跳过速等状况，而做深呼吸或者运用应对技能训练有助于缓解这些状况。

有很多人难以摆脱某些具有明确指向的状况。例如，头痛可能会让自己暂时摆脱极力回避的人际关系，而不必承担让别人感到失望的责任。可以在日记中记录我们第一次出现某些状况的时间，以及与之相关的情况。这时，我们便可以立即判断这些状况是否能够使我们摆脱比较不愉快的经历，假如我们怀疑这些状况会以这种方式为我们提供"继发性获益"，则请参阅第17堂课的训练方法。这个方法可以为我们提供鼓励和方法，让我们学会拒绝，而不是屈从于当下。

我们的状况提示我们什么需要改变吗？

紧张也许说明我们无法应对生活中的某些事情，还说明我们在掩饰自己的情感。例如，我们也许生家人的气，但是我们并没有让家人知道我们在生他们的气，我们也许岔开话题避免谈到一个特别尖锐的问题，因为我们无法解决这个问题。例如，有个护士最近总觉得很不舒服，起因是继女每个周末都要来看望丈夫。

起初跟丈夫结婚时，护士对这个安排是同意的，但是现在她觉得这个安排让她头疼。为了缓解这个状况，她与丈夫约定，周末她外出一天，让丈夫与他女儿一起过星期天。

周围的人也许能够感觉到我们内心的压力，觉得我们好像有什么事情，但他们无法看穿我们的心思，也不可能帮助我们。其实，只有自己最明白自己。也许我们应该敞开心扉让别人了解我们，使得他们能帮我们。

我们能找到其他方法照顾自己吗？

有个退休的妇人患了周期性腹绞痛，这源于她童年的一段经历：孪生弟弟出生时，她便有腹部绞痛状况。在她的记忆里，母亲只抱过她一次，那就是第一次她腹部绞痛时。成年以后，当丈夫晚上外出她独自在家时，她才容易出现腹绞痛状况。

我们应对压力的方法会使我们想到周围的人？

我们出现的压力状况，也许与某个重要人物的压力状况相似。例如，从父亲身上，我们不仅学到了努力工作和争取成功的品质，而且也学会了怎样应对压力。例如，我们下巴紧张时，也像父亲一样会咬牙齿。典型的压力应对方式通常可以通过学习获得，所以可以问问自己，家人中谁还会这样。一般情况下，可能在亲人身上看到他们对压力的无能为力，观察一下自己是否也是这样。

学完本门课程，如果我们还是觉得无法应对压力，请找专业人士咨询，也许一对一的咨询对我们能有所帮助。

坚持终有回报

最后一个建议：千万别放弃。个人学习应对压力的能力和自愈能力是非常强大的。改变也许很难，但一定能做到，我们需要的是耐心、坚持，以及时间。

武志红主编
可以让你变得更好的心理学书

《我们内心的冲突》
[美]卡伦·霍妮 著

每个人都有内心冲突,但什么样的冲突会导致心理疾病呢?这些冲突是如何形成的,怎样才能从这些冲突中突围呢?本书是世界著名心理学家和精神病学家卡伦·霍妮的代表作,导读则是在中国享有盛誉的资深心理咨询师、畅销书作家武志红。

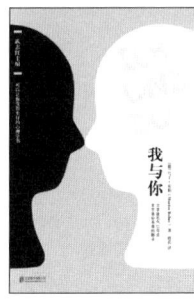

《我与你》
[德]马丁·布伯 著

《我与你》是二十世纪最伟大的哲学家之一的马丁·布伯的代表性作品;武志红老师主编和精彩导读。武志红说:"一直以来,对我影响最重要的一本书,是马丁·布伯的《我与你》。"

《恐惧给你的礼物》
[美]加文·德·贝克尔 著

一本心理学奇书。用惊心动魄的故事,凝视人性的深渊。教你依靠直觉,瞬间看透人心。这本书是每个人必备的生存手册,是加文·德·贝克尔亲身经历和丰富经验的真实总结。它史无前例提出的危险预测法,在关键时刻可以救你的命。武志红老师主编和精彩导读。

《自卑与超越》
[奥]阿尔弗雷德·阿德勒 著

《自卑与超越》是个体心理学的先驱——阿尔弗雷德·阿德勒的代表作品,是人类个体心理学经典著作。
武志红老师主编和精彩导读。

武志红主编
可以让你变得更好的心理学书

《乌合之众》
[法]古斯塔夫·勒庞 著

《乌合之众》是群体心理学的巅峰之作；弗洛伊德、荣格、托克维尔等心理学大师，和罗斯福、丘吉尔、戴高乐等政治家都深受该书影响。
武志红老师主编和精彩导读。

《这样想，你才不焦虑》
[美]亚伦·T.贝克 [加]大卫·A.克拉克 著

认知心理疗法的权威作品，让人们远离焦虑困扰。
武志红老师主编和精彩导读。

《心灵地图》
[美]托马斯·摩尔 著

这是一本影响深远的书，将告诉我们如何在阴影中行走，它补全了我们失落的一角。

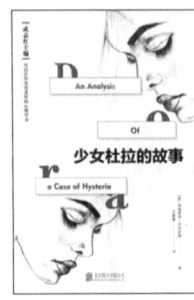

《少女杜拉的故事》
[奥]西格蒙德·弗洛伊德 著

《少女杜拉的故事》是弗洛伊德将精神分析和释梦理论运用于实践的经典案例。读这本书不仅可以领略到精神分析强大、诱人的魅力，还可以从中寻找到走出原生家庭，获得治愈的路。

武志红主编
可以让你变得更好的心理学书

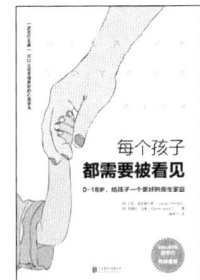

《每个孩子都需要被看见》
[加]戈登·诺伊费尔德 [加]加博尔·马泰 著

本书从父母与孩子的依恋关系入手,深入剖析不健康原生家庭是如何伤害孩子的,并提出原生依恋关系的6种建立方式。知名心理学家武志红主编并作序推荐。

《晚年优雅》
[美]托马斯·摩尔 著

心智不经磨难,就不会成熟;灵魂不经淬炼,就不会呈现。而《晚年优雅》这本书,让我们看到了变老的另一种模式——接纳变老的事实,让灵魂经受淬炼。
畅销书《心灵地图》作者托马斯·摩尔的又一部力作!武志红老师主编和精彩导读。

《性学三论》
[奥]西格蒙德·弗洛伊德 著

我们对性的所有困惑,都将在本书中找到答案。
《性学三论》是人类性学领域的奠基之作,可以让人从本质上了解"性",而这些本质的了解,不仅能帮我们正视自己的性,更能帮我们懂得别人的性,从而将性衍生为生命的动力。

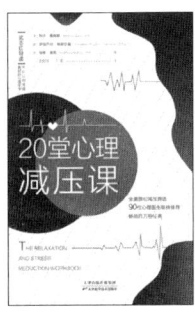

《20堂心理减压课》
[美]玛莎·戴维斯 伊丽莎白·埃谢尔曼 马修·麦凯 著

本书扎根于心理学的研究和临床实践,提供了20种非常有效的减压方法。这些方法简单、实用、权威,无论你承受着怎样的压力,也无论你的性别、年龄、偏好和习惯,你都能从中找到一种或多种适合的方法,帮助自己在压力下穿行,游刃有余。